青藏高原高寒草甸和高寒草原对气候变化的差异响应及其机理

郝爱华　著

气象出版社
China Meteorological Press

内容简介

作为地球"第三极",青藏高原是全球海拔最高的独特自然地理单元,对全球变暖响应敏感。高原地表超过 60% 的区域覆盖草地,高寒草甸和高寒草原是其中分布最广泛、最典型的两种草地类型,且其生境特征、空间格局、群落结构、建群种的生理生态特征等迥异。本书以青藏高原两种典型草地为研究对象,结合遥感、气象和野外调查数据,采用偏相关分析、主成分分析、广义加性模型、结构方程模型等方法,揭示了两种草地对气候变化的差异响应机理,对保护青藏高原生态环境以及恢复治理退化草地具有重要的指导意义。

图书在版编目(CIP)数据

青藏高原高寒草甸和高寒草原对气候变化的差异响应及其机理 / 郝爱华著. -- 北京 : 气象出版社,2022.9
ISBN 978-7-5029-7815-0

Ⅰ.①青… Ⅱ.①郝… Ⅲ.①青藏高原－气候变化－影响－寒冷地区－草甸－研究②青藏高原－气候变化－影响－寒冷地区－草原－研究 Ⅳ.①P467②S812.3

中国版本图书馆CIP数据核字(2022)第170156号

Qingzang Gaoyuan Gaohan Caodian he Gaohan Caoyuan dui Qihou Bianhua de Chayi Xiangying jiqi Jili

青藏高原高寒草甸和高寒草原对气候变化的差异响应及其机理
郝爱华 著

出版发行:气象出版社

地 址:	北京市海淀区中关村南大街 46 号	邮政编码:	100081
电 话:	010-68407112(总编室) 010-68408042(发行部)		
网 址:	http://www.qxcbs.com	**E-mail**:	qxcbs@cma.gov.cn
责任编辑:	张锐锐 郝 汉	终 审:	吴晓鹏
责任校对:	张硕杰	责任技编:	赵相宁
封面设计:	地大彩印设计中心		
印 刷:	北京建宏印刷有限公司		
开 本:	710 mm×1000 mm 1/16	印 张:	9
字 数:	200 千字		
版 次:	2022 年 9 月第 1 版	印 次:	2022 年 9 月第 1 次印刷
定 价:	78.00 元		

作为我国重要生态屏障的青藏高原平均海拔超过 4000 m,因气候寒冷,对全球变暖极为敏感。高寒草甸和高寒草原是青藏高原最典型的两种草地类型,不仅为牲畜提供了食物来源,而且在涵养水源,保持水土,生物多样性保护,调节气候及水、碳、能量交换中发挥重要的作用。然而,由于近几十年来气候变化和人类活动影响日益加剧,高寒草甸和高寒草原出现不同程度的退化。草地退化严重威胁青藏高原生态环境、生物多样性保护、地方畜牧业经济的可持续发展及牧民的生产生活。已有研究表明高寒草甸和高寒草原植被对气候变化的响应呈现差异,但其差异机理尚不明确,这将不利于退化高寒草地的恢复治理和管理调控。为此,本书对高寒草甸和高寒草原植被演化规律及其对气候变化响应差异的机理进行研究,以期为保护青藏高原生态环境、恢复和治理退化草地提供参考。

本书首先利用长时间序列全球库存建模和制图研究(GIMMS)第三代归一化植被指数 (NDVI3g)遥感产品和气象数据,认识了高寒草甸和高寒草原生长季 NDVI 在整个研究时段(1982—2015 年)和突变前后(高寒草甸:1982—1998 年和 1998—2015 年;高寒草原:1982—2001 年和 2001—2015 年)时空演变特征及植被突变点前后生长季气温、降水量、太阳辐射和标准化降水—蒸散发指数(SPEI)的时空演变特征;然后采用偏相关分析法研究高寒草甸和高寒草原植被与气候要素的关系;同时,基于野外调查数据对比分析了高寒草甸和高寒草原地上生物量、地下生物量、物种多样性与海拔、经纬度,土壤温度、水分、容重、有机碳、总氮、pH 值、碳氮比的关系及其差异;最后,采用主成分分析、相关分析、广义加性模型和结构方程模型对比研究了气候变化和生境对高寒草甸和高寒草原植被生长的差异影响,揭示了高寒草甸和高寒草原对气候变化呈现差异响应的机理。本书的主要研究结论如下。

(1)高寒草甸和高寒草原植被突变特征不同及驱动机制不同。高寒草甸和高寒草原 NDVI 分别在 1998 年和 2001 年发生突变,各受气温和降水突变的影响。

(2)不同时段高寒草甸和高寒草原的生长季 NDVI 时空演变呈现差异。在各自突变点前后,高寒草甸生长季 NDVI 总体表现为由显著上升变为不显著下降,高寒草原生长季 NDVI 总体表现为由显著上升变为不显著上升;前者主要受三江源地区 NDVI 变化趋势的影响,后者受羌塘高原生长季 NDVI 变化的影响。空间上,三江源高寒草甸地区生长季 NDVI 在突变点前均呈现下降趋势,而突变后呈现增加趋势。青藏高原西南和东南高寒草甸地区生长季 NDVI 在突变点之前呈现增加趋势,突变点之后呈现下降趋势。空间上,高寒草原地区生长季 NDVI 突变前整体增加,突变点后在整体增加的背景下,羌塘高原呈现下降趋势。

(3)不同时段高寒草甸和高寒草原生长季各气候要素的变化呈现时空异质性。1982—2015 年高寒草甸生长季气温和降水量均显著增加,高寒草原生长季降水量显著增加,而气温则保持相对稳定;高寒草甸和高寒草原生长季气温在各自植被突变点之前显著增加,而在各自植被突变点之后增长滞缓;高寒草甸的生长季降水量在 1998 年前不明显下降,1998 年后显著增加,高寒草原生长季降水量在 2001 年前显著增加,2001 年后不明显下降。空间上,三江源高寒草甸地区生长季降水量突变点前在下降,而突变点后则在增加;青藏高原西南和东南高寒草甸地区生长季降水量和 SPEI 在植被突变点之前呈增加趋势,而在植被突变点之后呈下降趋势。空间上,高寒草原地区生长季降水量在植被突变点之前整体增加,而西藏自治区中部和北部地区在植被突变点之后呈现下降趋势;在植被突变点之后高寒草原地区生长季 SPEI 空间上整体下降。

(4)高寒草甸和高寒草原生长季气候要素对植被生长的影响呈现差异。降水量变化对高寒草甸和高寒草原生长季植被变化均起到关键作用;三江源地区退化植被呈现逆转,可能来自于降水量在突变之后由不显著下降变为显著上升;而羌塘高原植被在突变之后出现退化,可能因为该区在 2001 年突变点之后趋于干旱化。与高寒草原主要受降水影响不同,高寒草甸还受到气温变化的影响。

(5)高寒草甸和高寒草原的生境和植被特征差异明显。高寒草甸 0～30 cm 的土壤持水力明显大于高寒草原相同深度的土壤持水力。高寒草甸的地下生物量、根冠比、物种丰富度、香农多样性均显著大于高寒草原。高寒草甸和高寒草原的地下生物量均集中分布于表层 0～10 cm,高寒草原深层地下生物量占比大于高寒草甸。

(6)高寒草甸和高寒草原对气候变化呈现差异响应的机理不同。暖湿的气候条件下,两种草地植被指数均增加;暖干的气候条件下,高寒草甸地区植被退化,而高寒草原地区植被生长滞缓。高寒草甸和高寒草原植被对气候变化的差异响应机理表现在其根系的构建和深度不同。

总之,青藏高原的植被生长受到地理位置、气候及水文等条件的限制,生长期短,整个生态系统比较脆弱,对气候变化响应敏感。在此背景下,本书通过遥感手段认识了高寒草甸和高寒草原在整个研究时段和突变点前后生长季植被变化特征及植被突变点前后生长季气候的变化特征,解析了气候变化对高寒草甸和高寒草原植被生长影响的差异,同时利用野外调查数据阐明了高寒草甸和高寒草原生境与植被特征差异及其关系,对比遥感和野外调查研究结果,揭示了高寒草甸和高寒草原对气候变化差异响应的机理,为进一步研究青藏高原高寒生态系统演化与气候变化奠定了基础。

　　感谢中国科学院西北生态环境资源研究院沙漠与沙漠化重点实验室薛娴研究员给予指导及彭飞、尤全刚、段翰晨、廖杰、黄翠华等老师野外帮忙采集数据。

郝爱华

2022 年 6 月

目录

第 1 章

绪 论

1.1 研究背景及意义

自工业革命以来,人类活动强度增加导致大气中的 CO_2、CH_4 等温室气体排放量持续升高,全球平均气温上升了 0.85 ℃(IPCC,2014)。高纬度、高海拔地区由于气候寒冷,对气候变化响应更为敏感,气温上升幅度更大(Screen et al.,2010)。该区植被对温度变化极为敏感,植被变绿与显著增温同时发生(Keeling et al.,1996)。

青藏高原平均海拔在 4000 m 以上,因地势高亢被称为"世界屋脊"和地球"第三极",是同纬度对全球气候变暖响应最强烈的地区(陈德亮 等,2015),也是对未来气候变化响应不确定性最大的地区(张人禾和周顺武,2008)。基于树轮、冰芯中的氧同位素($\delta^{18}O$)、化石和表层土壤中的孢粉、湖泊沉积物岩芯中的有机物质、再分析资料及最新的遥感数据均提供了青藏高原气候整体变暖的证据(Frauenfeld et al.,2005;Guo et al.,2019;Liang et al.,2009;Yao et al.,2006),其平均气温自 20 世纪 50 年代以来显著增加(Kang et al.,2010;Li et al.,2006;Yang et al.,2014),20 世纪 80 年代以来,总体平均气温上升速率为 0.16~0.67 ℃/10 a(Kuang et al.,2016)。根据气候模型的预测,未来青藏高原还将持续变暖(Guo et al.,2019;Liu et al.,2009),预计至 21 世纪末,青藏高原年均气温将会增加 2.8~4.9 ℃(Gao et al.,2014a)。

气候变暖严重影响青藏高原的生态环境。例如,冰川衰退、积雪融化导致地表径流流量增加,严重威胁到江河流域的经济发展和人们的生产生活(Gao et al.,2019;You et al.,2020b)。气候变暖导致青藏高原多年冻土退化(Wu et al.,2018),再加上人类过度放牧(Wang et al.,2016)、啮齿类小动物的破坏及日益增加的野生动物的啃食,致使青藏高原高寒草地在区域尺度上发生严重退化(Harris,2010)。截至 2016 年,青藏高原草地退化面积达青藏高原草地总面积的 38.8%(Wang et al.,2016b)。青藏高原拥有全球最大的天然高寒草地生态系统,草地面积约 16.538×

10^5 km²(张利 等,2016),超过青藏高原总面积的 60%,占中国草地总面积的
41.88%,占世界草地总面积的 6%(Tan,2010)。高寒草地不仅为牲畜提供了食物来
源,而且在水土保持、涵养水源、生物多样性保护,以及陆地生态系统和大气系统的
水、碳、能量交换中发挥着重要的作用(Beer et al.,2010;Seddon et al.,2016)。高寒
草甸和高寒草原是青藏高原分布最广泛、面积最大、最典型的两种草地类型(Zhang
et al.,2013b)。然而这两种类型草地对气候变暖呈现差异响应,2001—2013 年基于
遥感监测的高寒草甸地区的植被在退化,而高寒草原地区植被则在增加(Wang
et al.,2016b),但是造成这种差异的机理目前尚不清楚。

研究高寒草甸和高寒草原对气候变化响应的差异,提示其差异的机理,有助于
更深入认识青藏高原高寒草地退化的原因,理解高寒草地退化的机制,对保护青藏
高原生态环境,恢复和治理退化草地具有重要的指导意义。

1.2　国内外研究进展

1.2.1　青藏高原的气候变化

在过去几十年间青藏高原的气候显著变暖(Gao et al.,2014b;Wang et al.,
2008;You et al.,2010b;You et al.,2015a)。1984—2009 年青藏高原的年均气温上
升速率为 0.46 ℃/a(Wang et al.,2008),均比同期北半球和全球的气温上升速率高
(Zhang et al.,2013a)。从长期(1960—2014 年)、中期(1980—2014 年)和短期
(1999—2014 年)来看,青藏高原年均气温均呈现一致的上升趋势;从空间格局上看,
97.1%的气象站点 1960—2014 年年均气温显著增加(Zhong et al.,2019)。

青藏高原的气候虽然整体变暖,但是气候要素的时空差异特征明显(Xu et al.,
2013)。基于气候站点观测研究表明(图 1.1),青藏高原年均气温从 20 世纪 50 年代
中期开始上升(Liu et al.,2000),60 年代轻微上升,70 年代保持稳定,80 年代开始显
著上升,上升最显著的是 90 年代(Li et al.,2010;Liang et al.,2013;You et al.,
2010b),90 年代末期青藏高原气候变暖停滞(Liu et al.,2019b),而且夜晚气温的上
升速率大于白天(Liu et al.,2006)。平均气温在冬春季上升明显,夏季和秋季上升
不明显(韦志刚 等,2003;周宁芳 等,2005),冬季上升速率最大(Liu et al.,2000;Xu
et al.,2008)。1955—1996 年,青藏高原冬季平均气温上升速率为 0.032 ℃/a,是同
期青藏高原年平均气温上升速率的 2 倍(Liu et al.,2000);1961—2004 年青藏高原
冬季平均气温上升速率为 0.040 ℃/a,而同期青藏高原年平均气温上升速率为
0.025 ℃/a(You et al.,2010c)。空间上,青藏高原北部地区年均气温上升速率高于
南部地区(Deng et al.,2017),东北部年平均气温上升速率最大(Chen et al.,2013a;
Xie et al.,2010),而东南部年平均气温上升速率最小(Chen et al.,2013a)。平均气

温随海拔变化也呈现出差异特征(You et al.,2020a)。基于青藏高原及其周边地区165 个气象站数据揭示 1961—1990 年青藏高原年均气温升温速率,在海拔小于等于500 m、500～1500 m(数字的阈值为左不包含右包含,下同)、1500～2500 m、2500～3500 m 及大于 3500 m 区域分别为 0.00 ℃/10 a、0.11 ℃/10 a、0.12 ℃/10 a、0.19 ℃/10 a、0.25 ℃/10 a(刘晓东和侯萍,1998),证明青藏高原年均气温升温速率随海拔上升呈现增加的趋势。利用中分辨率成像光谱仪(MODIS)地表温度数据研究发现,2001—2015 年青藏高原海拔 4500 m 以下年平均气温呈上升趋势,4500 m 以上年平均气温则呈下降趋势(Guo et al.,2019)。研究证明 1980—2014 年青藏高原近地面气温在海拔低于 4000 m 区域升温速率自 20 世纪 90 年代开始减缓,海拔高于 4000 m 的区域升温速率在 2000 年代中期才开始减缓(An et al.,2017)。通过分析青藏高原 81 个气象站数据得出结论:青藏高原年平均气温上升速率在 1971—1977 年随海拔上升而减小,1997—2001 年随海拔上升而增大(郑然 等,2015)。

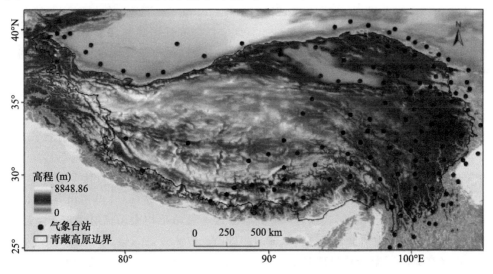

图 1.1 青藏高原及周边地区气象站点的空间分布

(根据前人研究结果修改(Xia et al.,2018))

青藏高原的年均降水量变化趋势呈现时空异质性。总体看青藏高原年均降水量从 20 世纪 60 年代开始呈现增加的趋势,但不显著(Yin et al.,2013;You et al.,2012)。1970—2000 年呈增加趋势,而 2000—2015 年又呈减少趋势(Deng et al.,2017)。青藏高原冬春两季降水量呈显著增加趋势,秋季降水量增加不明显(Tong et al.,2014)。20世纪 60—80 年代,青藏高原北部降水量呈增加趋势,而南部降水量呈减少趋势(蔡英等,2003)。从 20 世纪 80 年代中期开始,高原北部降水开始减少,南部降水开始增加(汤懋苍 等,1998)。1960—2000 年青藏高原南部大致以 102°E 为界,该线以东降水减少,以西降水增加,且降水增加区域表现出随纬度的增加而递减的特征。青藏高原中部、北部的年降水量基本保持不变或微弱增加(黄一民和章新平,2007)。研究发现

1961—2004 年青藏高原以唐古拉山为界,南北降水变化存在明显差异,青藏高原南部和东北部降水变化趋势相反(段克勤 等,2008)。2000—2012 年青藏高原东部和中东部地区降水显著增加,而南部和西北部地区降水显著下降(Liu et al.,2019a)。

青藏高原降水变化的空间异质性特征明显。1971—2010 年柴达木盆地年降水量在 20 世纪 70 年代初到 80 年代中期呈下降趋势,90 年代后呈增加趋势(张娟 等,2013)。1981—2017 年柴达木盆地年降水量呈增加趋势,且盆地东部增长幅度大于盆地西部(吕春艳 等,2020)。1960—2005 年祁连山东段和西段、南坡和北坡的降水量变化趋势均不同(贾文雄 等,2008;汤懋苍和许曼春,1984;张耀宗 等,2009),降水量随着海拔上升呈现出"S"形曲线变化的趋势,降水量的"极大高度"位于海拔1800~2800 m,"极小高度"位于海拔 2200~3600 m(汤懋苍,1985)。1965—2009 年青海省年降水量总体呈现不明显增加趋势,但降水量逐年值与多年平均值相比波动较大,低于多年平均值的年相对较多(张晓 等,2012)。1960—2015 年三江源地区年降水量总体呈弱增趋势,但 21 世纪以来显著增加(刘晓琼 等,2019)。通过梳理三江源地区气候变化文献发现,三江源地区年降水量总体呈现增加趋势,但其增长速率低于同期青藏高原年降水量增长速率(孟宪红 等,2020)。雅鲁藏布江流域 1961—2000 年年降水量变化呈现二次曲线趋势,前 20 a 呈现下降趋势,后 20 a 则显著增加(边多和杜军,2006)。

青藏高原的太阳辐射变化呈现时空异质性。自 20 世纪 60 年代以来,青藏高原的年均太阳辐射为 189~226 W/m² (Xie et al.,2015;You et al.,2010a)。在 20 世纪 70 年代以前呈现增加的趋势,而 20 世纪 70 年代以后呈现下降趋势(Li et al.,2013;Yang et al.,2014),1960—2009 年青藏高原年均太阳辐射下降速率为 0.1 W/(m²·a),20 世纪 80 年代以后下降速率为 0.18~0.35 W/(m²·a)(Tang et al.,2011);秋季下降速率最大(0.22 W/(m²·a)),其次是夏季(0.13 W/(m²·a))和冬季(0.11 W/(m²·a))(You et al.,2013)。20 世纪 70 年代以后青藏高原多数气象站年均太阳辐射呈现下降趋势,而中部气象站则呈现增加趋势(Liu et al.,2011;Yang et al.,2014)。

青藏高原的干湿变化呈现时空差异。自 20 世纪 60 年代始,青藏高原相对湿度呈整体下降趋势(Yin et al.,2013;You et al.,2015b)。1961—2013 年年均地表相对湿度下降速率为 0.023%/a(You et al.,2015b)。然而在 20 世纪 60—90 年代相对湿度呈现波动状态(Liang et al.,2013;Zhou et al.,2012)。北部气象站的相对湿度呈下降的趋势,而南部气象站则呈增加的趋势(Zhang,2007)。1982—2015 年东部地区标准化降水—蒸散发指数(SPEI)呈下降趋势,而西南、中部和中东部地区 SPEI 呈增加趋势(Li et al.,2020a)。基于帕尔默干旱强度指数(PDSI)分析结果表明 1971—2004 年三江源地区有变干的趋势(刘蕊蕊 等,2013)。用潜在蒸散发代替 PDSI 研究也证明三江源地区 1957—2014 年干旱化趋势显著增强(白晓兰 等,2017)。1961—2000 年祁连山区气候呈现暖湿化趋势(张盛魁,2006)。青海省 1971—2004 年总体上呈现显著暖化但不显著干旱化趋势,唐古拉地区、柴达木盆地等干旱区呈现暖湿化趋势,而三江源地区呈现干旱化趋势(刘德坤 等,2014)。多数学者研究证明近几十年来柴达木盆地气候呈现明显暖湿化趋势(柴军,2013;戴升 等,2013;时兴合 等,2005)。1961—2017 年雅鲁藏布江流域夏季气候呈现暖干化趋势(赤曲 等,2020)。1960—2012 年共和盆地北部呈现暖干趋势而南部则呈暖湿趋势(杨发源 等,2013)。20 世纪 90 年代以来,西藏高原除藏东高山深谷区气候由冷湿型转向暖干型外,大部分地区气候呈现暖湿化趋势(杨春艳 等,2013)。

有关高寒草甸和高寒草原气候变化的研究比较少,且研究结果存在争议。以 Sun 等为代表的研究表明高寒草甸和高寒草原的年均气温和降水量均呈增加趋势(Sun et al. ,2016),其中气温的变化速率分别为 0.068 ℃/a 和 0.070 ℃/a。高寒草甸的气温和降水量空间变化差异显著,空间上年均气温变化速率在 −0.017∼0.020 ℃/a,青藏高原中部高寒草甸气温呈增加趋势,而西南、东南和东北部地区气温呈下降趋势;空间上降水量的变化速率在 −0.053∼1.300 mm/a,青藏高原中部和西南地区降水量呈增加趋势,东部地区呈下降趋势。对高寒草原而言,空间上气温变化差异特征明显。气温的变化速率在 −0.011∼0.019 ℃/a,上升的地区主要位于青海高原、阿里高原、羌塘高原中部,下降的区域主要在雅鲁藏布江流域。高寒草原的降水量空间变化也呈现差异,年均降水量的变化速率在 −0.059∼1.080 mm/a,增加的地区分布在青海高原西部和西藏自治区中部,西藏高原西北部和阿里高原降水量呈下降趋势。以 Shen 等为代表的研究则表明高寒草甸和高寒草原生长季平均气温和降水量变化趋势均不明显(Shen et al. ,2014)。其他研究发现 2000—2015 年羌塘高原高寒草原地区生长季太阳辐射呈增加趋势,青藏高原中部高寒草甸主体区域气温和降水量均呈增加趋势(Li et al. ,2018b)。

以上综述表明,青藏高原虽然整体变暖,但气候要素变化的时空差异特征明显。这些气候要素的时空差异不能充分解释高寒草甸和高寒草原植被发展过程的差异,而目前对高寒草甸和高寒草原气候变化关注度不够,仅有的研究结果也存在争议。因此,高寒草甸和高寒草原气候变化的特征及差异尚不清楚。

1.2.2　青藏高原的植被变化

1.2.2.1　植被变化的研究方法

青藏高原植被变化的研究方法主要包括遥感卫星监测、控制实验和野外样方调查三种。

(1)遥感卫星监测

遥感卫星已广泛应用于监测植被的变化(图 1.2)。一般可分为两种情形,一种是直接用归一化植被指数(NDVI)或增强植被指数(EVE)作为植被指标监测植被绿度变化(Shen et al. ,2015b;Shen et al. ,2014),另一种是利用 NDVI 作为植被指标,通过模型反演植被净初级生产力(NPP)。比如目前应用较多的 Carnegie-Ames-Stanford-Approach(CASA)模型(Chen et al. ,2014;Wang et al. ,2016b)。目前可用的遥感卫星数据产品包括 MODIS、GIMMS(长时间序列全球库存建模和制图研究)、SPOT(斯波特卫星)、LANDSAT(陆地卫星)等。

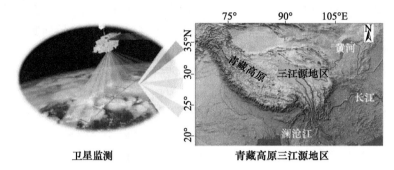

图 1.2 遥感卫星监测青藏高原三江源地区植被变化

(根据前人研究结果修改(Bai et al.,2020))

(2)控制实验

控制实验,通过控制温度和控制降水两种实验来模拟气温和降水变化。增温控制实验分为红外辐射增温和开顶式(OTCs)增温两种主要类型。

如图 1.3 所示,红外辐射增温利用单管红外辐射器,通过增强向下红外辐射来模拟变暖。散热器壳体长 165 cm,截面呈等边三角形(单面长 15 cm);加热元件为直径 8 mm,长度 150 cm 的杆状体。通常将红外散热器的反射面悬挂在实验地块上方 1.5 m 处,并对其进行调整,使土壤表面接收的辐射更加均匀(Kimball,2005)。一般在每个对照组都有一个与红外散热器尺寸相同的假红外散热器(没有加热元件),假红外散热器悬挂在相似的高度(Xue et al.,2014)。红外辐射增温控制实验目前已被广泛应用于青藏高原(Peng et al.,2016;Xue et al.,2017;徐满厚 等,2016)。

图 1.3 红外辐射增温控制实验

(根据前人研究结果修改(Wen et al.,2020))

开顶式增温装置由太阳能传输塑料制成,如图 1.4 所示,外形类似圆柱体,高度为 0.45 m,地面高度直径为 1.20 m,最大高度直径为 0.65 m。OTCs 提供了室内植物冠层上方的空气空间(Ganjurjav et al.,2015)。也有的 OTCs 设置高度为 1 m,顶部直径 1.7 m,底部直径 2.3 m(Wang et al.,2018)。OTCs 增温目前已被广泛应用于挪威、瑞士、冰岛高纬度地区(Bokhorst et al.,2013;Marion et al.,1997)以及加拿大和中国青藏高原(Doiron et al.,2014;Peng et al.,2020;Zhu et al.,2016)。

图 1.4　开顶式增温控制实验

(根据前人研究结果修改(Wang et al.,2018))

(3)野外植被样方调查

野外植被样方调查是生态学中使用最广泛的一种植被调查方法(图 1.5)。该方法可以调查乔木、灌木,或是草本。标准的乔木样方大小设置为 10 m×10 m,灌木样方为 5 m×5 m,草本样方通常设置为 1 m×1 m。调查项目包括植被盖度(乔木称为冠幅)、高度、多度、频度和物种名称。

图 1.5　野外植被观测样方

(样方大小为 1 m×1 m;作者于 2018 年 7 月 26 日拍摄于青藏高原
北麓河高山嵩草高寒草甸实验样地)

以上三种方法各有优缺点(图1.6):遥感卫星产品可以长时间、大尺度监测植被变化,但由于遥感数据源不同、模型的参数和结构存在差异、忽视人类活动强度以及其他不确定性因素造成植被变化,易导致研究结果不一致(Li et al.,2018a);增温控制实验虽然可以长时间模拟气候变暖对植被的影响,但由于受实验地点设置的限制,其研究结果能否代表地形条件复杂、面积广大的整个青藏高原还是个未知数;野外样方调查能够区分具体的物种,调查结果准确、可信度高,但青藏高原地处偏远、交通困难,很难进行长时间连续的观测(Shi et al.,2014)。

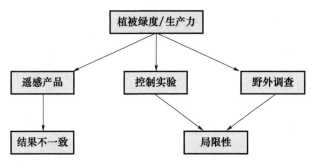

图1.6 植被绿度/生产力研究方法示意图

1.2.2.2 植被变化研究

(1)基于遥感卫星的植被变化

青藏高原植被绿度/生产力均值在空间格局上由东南向西北递减(Zhang et al.,2014b)。表1.1和表1.2统计了1982—2018年青藏高原植被绿度和植被净初级生产力变化速率。绝大多数学者的研究表明青藏高原植被呈整体好转局部退化的态势(Shen et al.,2015b;Ye et al.,2020;韩炳宏 等,2019),但是不同的遥感数据源研究结果不一致(Li et al.,2018a)。

表1.1 1980—2018年青藏高原植被绿度变化速率统计

研究时段	植被指标	数据来源	变化速率(/a)	参考文献
1982—1999年	GSNDVI	GIMMS2g	0.001	(杨元合和朴世龙,2006)
1982—2006年	ANDVI	GIMMS2g	0.009	(Sun et al.,2013a)
1982—2006年	GSNDVI	GIMMS2g	0.00004	(Zhang et al.,2014a)
2000—2009年	GSNDVI	MOD09A1	0.0036	(Zhang et al.,2013c)
1980—2010年	ANDVI GSNDVI	GIMMS3g	0.0002 0.0003	(Pan et al.,2017)
1986—2000年 2000—2011年	GSNDVI	GIMMS3g GIMMS3g MODIS13A2	0.0006 0.0012 0.0007	(Huang et al.,2016)

续表

研究时段	植被指标	数据来源	变化速率(/a)	参考文献
1982—2012 年	GSNDVI	GIMMS2g MODIS13A3	0.0004	(Du et al.,2016)
1982—2012 年	GSNDVI	GIMMS3g	0.0002	(Pang et al.,2017)
1982—2012 年	ANDVI	GIMMS3g	0.002	(孟梦 等,2018)
2000—2012 年	GSNDVI	GIMMS3g MODIS13A2 SPOT-VGT	−0.0002 0.0209 0.028	(Liu et al.,2019a)
2000—2015 年	GSNDVI	MODIS13A2 GIMMS3g	0.0011 −0.0007	(Li et al.,2018b)
2000—2016 年	GSNDVI	MODIS	0.0008	(卓嘎 等,2018)
2001—2017 年	ANDVI	MOD09A1	0.0009	(Huang et al.,2019)
2000—2018 年	GSNDVI	MODIS13C1	0.001	(Li et al.,2020b)

注:GSNDVI 表示生长季 NDVI,ANDVI 表示年均 NDVI。MOD09A1 为 MODIS 地表反射率产品,MO-DIS13A2、MODIS13A3 和 MODIS13C1 均为 MODIS 植被指数产品,SPOT-VGT 为地球观测系统植被产品。

由表 1.1 可知,1980—2018 年青藏高原年均 NDVI 的变化速率在 0.0002～0.009/a,生长季 NDVI 变化速率在−0.0007～0.028/a。2000 年以后基于 MODIS 和 SPOT 数据源的生长季 NDVI 均呈增加趋势(Li et al.,2018b;Liu et al.,2019a),且 SPOT 数据源的生长季 NDVI 增长速率最大(0.028/a)(Liu et al.,2019a);基于 GIMMS 第三代(GIMMS3g)数据源的生长季 NDVI 则呈现下降的趋势。2000—2006 年基于 GIMMS 第二代(GIMMS2g)和 GIMMS3g 植被指数呈下降趋势,而基于 MODIS 和 SPOT 植被指数变化趋势相反(Li et al.,2018a)(图 1.7)。

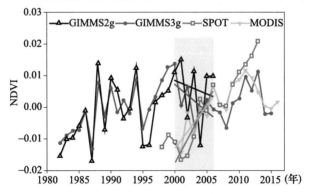

图 1.7　不同遥感数据源的青藏高原生长季(5—9 月)NDVI 对比

(数据来源于 Li et al.,2018a)

表 1.2 显示,1982—2015 年青藏高原植被净初级生产力变化速率在−0.20～2.34 g(C)/(m² · a)。基于 GIMMS、MODIS 和 SPOT NDVI 估算的 NPP 均呈现增

加的趋势,而基于 MODIS 增强型植被指数(EVI)估算的 NPP 则呈现下降的趋势(-0.20 g(C)/(m² · a))(Luo et al.,2018)。GIMMS2g 由于卫星传感器退化导致青藏高原西部出现低值,因而 NDVI 在 2000—2006 年呈现出下降的趋势(Chen et al.,2014),但多数学者在用 GIMMS NDVI2g 进行长时间序列 NPP 估算时,只取 1982—2000 年的 NDVI 的时间序列进入模型,将 2000 年以后的 NDVI 值用其他数据源代替,比如 MODIS 或 SPOT(Zhang et al.,2014b;Zhang et al.,2016)。

表 1.2 1982—2015 年青藏高原植被净初级生产力变化速率统计

研究时段	模型类型	数据来源	变化速率 (g(C)/(m² · a))	参考文献
1982—1999 年	CASA	GIMMS2g	0.007	(Piao et al.,2006a)
1982—2009 年	CASA	GIMMS SPOT	0.32	(Zhang et al.,2014b)
1982—2001 年 2001—2011 年	CASA	GIMMS2g MYD13A2	0.70 0.93	(Chen et al.,2014)
2000—2004 年 2004—2012 年	CASA	MOD13A3	0.01 1.12	(Xu et al.,2016a)
2000—2015 年	Miami	MOD17A3	2.34	(Guo et al.,2020)
2001—2015 年	CASA	MOD13Q1	1.25	(Zheng et al.,2020)
2001—2015 年	CASA	MCD43A4	-0.20	(Luo et al.,2018)

注:NPP 指实际 NPP。MYD13A2、MOD13A3 和 MOD13Q1 均为 MODIS 植被指数产品,Miami(迈阿密模型)为生态系统初级生产力模型,MOD17A3 为 MODIS 净初级生产力产品,MCD43A4 为 MODIS 地表反射率产品。

青藏高原植被变化的季节相也存在差异。现有研究对夏季植被呈增加趋势结果一致,争议主要在春季和秋季植被变化趋势。有些学者认为夏季和秋季 NDVI 呈增加趋势,而春季 NDVI 变化趋势不明显(Du et al.,2016)。有些学者认为春季和夏季 NDVI 显著增加,春季 NDVI 增长速率最大,秋季 NDVI 增加不明显(杨元合和朴世龙,2006;卓嘎 等,2018)。造成这种差异的原因可能是研究时段或遥感数据源不同(Wang et al.,2017b;Wang et al.,2016b)。

青藏高原植被变化在海拔梯度上也存在差异。整体上 2000—2015 年生长季 NDVI 在各个海拔梯度上均呈增加的趋势,但在海拔 2600～3300 m 生长季 NDVI 的增长速率逐渐上升,3300 m 以上逐渐下降,2600～4700 m 生长季 NDVI 变化速率达到显著性水平($p<0.05$)(Li et al.,2018b)。

青藏高原植被变化在区域尺度上时空差异特征明显。1982—1999 年植被绿度增加的区域主要分布在藏南山地灌丛草原带、川西西部藏东山地针叶林带、昆仑山荒漠带北坡西部和喜马拉雅山地常绿阔叶林带南坡东南部;减少区域主要分布在柴达木山地荒漠区、青藏—祁连山草原带西部和北部、青海南部高寒草甸草原和阿里山地荒漠区和荒漠地带(Ding et al.,2007)。2000—2018 年东北部地区植被整体呈现增加态势,而西南部地区在 2000—2010 年植被呈退化趋势,在 2010 年以后呈增加态势(Li et al.,2020b)。2000—2013 年青藏高原东北部地区降水增加导致植覆盖度增加,而中部和西部因气温增加、降水减少,植被覆盖度呈下降趋势(Huang et al.,2016)。1982—2012 年青藏高原中部和东部植被趋于增加,南部和东北部退化趋势明显(Ni et al.,2020)。

　　就植被绿度而言(表 1.3),1982—2018 年青藏高原三江源地区、雅鲁藏布江流域和祁连山区植被整体均呈增加趋势,但植被变化速率存在区域差异。三江源地区生长季NDVI 增长速率在 0.0007～0.02/a,年均 NDVI 的增长速率在 0.0012～0.0047/a。1982—2018 年雅鲁藏布江流域的生长季 NDVI 增长速率在 0.0002～0.001/a,1999—2013 年年均 NDVI 的增长速率为 0.0018/a。祁连山区 2000 年以后生长季 NDVI 的增长速率为 0.001～0.0022/a。因此,1982—2018 年三江源地区年均 NDVI 增长速率最大,祁连山区生长季 NDVI 增长速率最大,雅鲁藏布江流域的年均 NDVI 和生长季 ND-VI 的增长速率相对低于三江源地区和祁连山区。从不同数据来源研究来看,SPOT NDVI 的增长速率明显高于 GIMMS 和 MODIS NDVI 的增长速率。

表 1.3　1982—2018 年青藏高原分区域植被绿度变化速率统计

研究区域	研究时段	植被指标	数据来源	变化速率(/a)	参考文献
三江源地区	2000—2010 年	ANDVI	SPOT-VGT	0.0047	(李辉霞 等,2011)
	2000—2011 年	ANDVI	MODIS13Q1	0.0012	(Liu et al.,2014)
	2000—2013 年	GSNDVI	MODIS	0.012	(孙庆龄 等,2016)
	2000—2015 年	ANDVI	GIMMS3g	0.0039	(Bai et al.,2020)
	2000—2015 年	GSNDVI	MODND1T	0.02	(Shen et al.,2018)
	1982—2015 年	GSNDVI	GIMMS3g MODIS13A2	0.0007	(Zhai et al.,2020)
雅鲁藏布江流域	1982—2010 年	GSNDVI	GIMMS3g	0.0002	(Sun et al.,2019)
	1999—2013 年	ANDVI	SPOT-VGT	0.0018	(Li et al.,2015)
	2000—2016 年	GSNDVI	MOD13A3	0.001	(Li et al.,2019a)
	2000—2018 年	GSNDVI	MODIS13C1	0.0005	(Li et al.,2020b)
祁连山区	2000—2015 年	GSNDVI	MODIS	0.001	(Guan et al.,2018)
	2000—2018 年	GSNDVI	MODIS13C1	0.0022	(Li et al.,2020b)

　　注:GSNDVI 表示生长季 NDVI,ANDVI 表示年均 NDVI。SPOT-VGT 为地球观测系统植被产品,MODND1T 为中国 500 m NDVI 旬合成产品,MODIS13Q1、MODIS13A2、MOD13A3 和 MODIS13C1 为 MODIS植被指数产品。

　　1982—2016 年青藏高原植被 NPP 变化的区域差异性特征明显(表 1.4)。植被NPP 的增长速率在三江源地区为 0.83～1.31 g(C)/(m² · a),青海省为 0.47 g(C)/(m² · a),西藏地区为 3.03 g(C)/(m² · a),藏北地区则为 5.00 g(C)/(m² · a)。西藏地区的植被 NPP 的增长速率明显高于三江源地区及整个青海省;藏北地区植被 NPP 增长速率尤其高。不排除研究时段和遥感数据源的不同导致了植被 NPP 区域尺度上的变化差异,但是气候要素变化的时空异质性可能性最大(Li et al.,2018b)。

表 1.4　1982—2016 年青藏高原分区域植被净初级生产力变化速率统计

研究区域	研究时段	植被指标	模型类型	数据来源	变化速率 $(g(C)/(m^2 \cdot a))$	参考文献
三江源地区	1982—2010 年	ANPP	CASA	GIMMS2g MODIS13A2	0.83	(Xu et al.,2017)
	1982—2012 年	NPP	CASA	GIMMS2g MODIS13A2	1.31	(Zhang et al.,2016)
青海省	2001—2016 年	NPP	CASA	MOD09A1	0.47	(Wei et al.,2019)
西藏自治区	2000—2012 年	NPP	—	MOD17	3.03	(Qin et al.,2016)
藏北地区	1993—2011 年	NPP	CASA	GIMMS MYD13A2	5.00	(Feng et al.,2017)

注:ANPP 表示地上净初级生产力,NPP 表示净初级生产力;NPP 指实际 NPP。MODIS13A2 和 MYD13A2 为 MODIS 植被指数产品,MOD09A1 为 MODIS 地表反射率产品,MOD17 为 MODIS 净初级生产力产品。

（2）基于控制实验的植被变化

基于控制实验模拟青藏高原气候变暖对植被生长的影响的研究结果存在争议。代表性的观点主要有三种:其一,气候变暖使群落中禾草和豆科植物盖度增加,植物高度增加,物种多样性增加,从而显著增加了青藏高原植被的地上生物量;其二,增温以后青藏高原植被地上生物量和 NPP 没有发生变化(Fu et al.,2019;Liu et al.,2018;Xu et al.,2018),其原因是气候变暖导致植物群落结构发生变化,浅根系的莎草减少了,但深根系的禾草和杂草增加了,从而稳定了群落的植被生产力(Liu et al.,2018);其三,增温降低了群落总地上生物量,适口性牧草的地上生物量减少,毒杂草的地上生物量增加,草地质量下降,药用植物和杂草的物种多样性降低(Klein et al.,2007,2008)。造成以上研究结果差异的原因,一方面是由于增温实验的时间长短不一致,另一方面是增温实验选择地点的差异。青藏高原复杂的地形、地貌、土壤、气候条件在区域尺度上差异性特征显著,有可能导致不同区域增温实验的结果有所不同。

（3）基于野外样方调查的植被变化

基于野外样方调查的结果表明青藏高原植被地上生物量在气候变暖的条件下没有明显变化。依托青藏高原海北观测站对植被地上生物量进行 35 a 的监测,发现植被春季物候提前,生长季初期生长速度加快,但总生物量没有明显变化,原因是生长季生长速度虽然加快,但是由于秋季土壤水分减少,导致植被快速增长阶段提前结束,从而使总生物量保持稳定(Wang et al.,2020a)。同样,通过 4 a 的野外观测也证明青藏高原高寒草地对气候波动不敏感,地上生物量没有明显变化趋势(Shi et al.,2014)。

综上所述,有关青藏高原植被变化的研究成果丰硕。基于遥感手段的研究表明青藏高原植被的变化时空差异特征明显。而基于控制实验和野外调查的研究结果也说明植物功能群生物量的变化差异特征显著。高寒草甸和高寒草原是青藏高原最典型而又截然不同的两种草地类型,以上所述研究区域大部分都包含这两种草地类型。遗憾的是,很少有学者区分高寒草甸和高寒草原,并对高寒草甸和高寒草原植被变化开展对比研究。这不利于青藏高原退化高寒草地的恢复治理和管理调控。

1.2.3 高寒草甸和高寒草原植被变化的差异

目前学者们对高寒草甸和高寒草原植被变化开展了大量的研究,提高了对两种草地响应气候变化的认识。笔者将从遥感、控制实验和野外调查三个方面进行综述。

(1)基于遥感产品的植被变化差异

现有基于遥感产品研究中,关于高寒草甸和高寒草原植被变化趋势存在较大的分歧,代表性的观点主要有三种(图 1.8):其一,高寒草甸和高寒草原 1982—2013 年 GIMMS3g 年均 NDVI(Sun et al.,2016)和 1982—2006 年 GIMMS2g 生长季 NDVI(Zhang et al.,2014a)均呈显著增加趋势;其二,高寒草甸和高寒草原 2000—2012 年 MODIS 生长季最大 EVI 均无明显变化趋势(Shen et al.,2014);其三,就 2000—2012 年 MODIS 生长季最大 NDVI 而言,高寒草甸增加不明显,高寒草原显著增加(Wang et al.,2015b)。

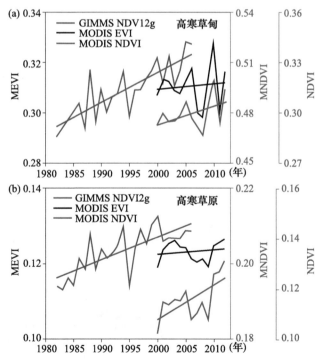

图 1.8 不同遥感数据源的青藏高原高寒草甸和高寒草原生长季植被年际变化

(MEVI 表示最大 EVI,MNDVI 表示最大 NDVI)

高寒草甸和高寒草原的植被指数空间变化也存在争议,代表性的观点主要有三种(图 1.9)。第一种观点基于 GIMMS3g 数据认为 1982—2013 年高寒草甸和高寒草原的年均 NDVI 空间上均无明显变化(Sun et al.,2016)。第二种观点认为高寒草甸和高寒草原植被变化趋势相反。例如,2001—2011 年基于 MODIS 青藏高原中部、东部地区高寒草甸主体区域 NPP 呈增加趋势,高寒草原主体区域 NPP 呈下降趋势(Chen et al.,2014);2001—2013 年基于 MODIS 青藏高原东南部高寒草甸主体区域 NPP 呈下降趋势,西北地区高寒草原主体区域 NPP 呈增加趋势(Wang et al.,2016b);其他研究也证明 1982—2012 年高寒草原主体区域植被呈现增加趋势,而高寒草甸主体区域植被呈现下降趋势(Pan et al.,2017)。第三种观点基于 MODIS 数据认为高寒草甸和高寒草原主体区域生长季 NDVI 均呈增加趋势(Duan et al.,2021;Shen et al.,2015b)。由此可见,2000 年以后高寒草甸和高寒草原植被空间变化分歧最大。

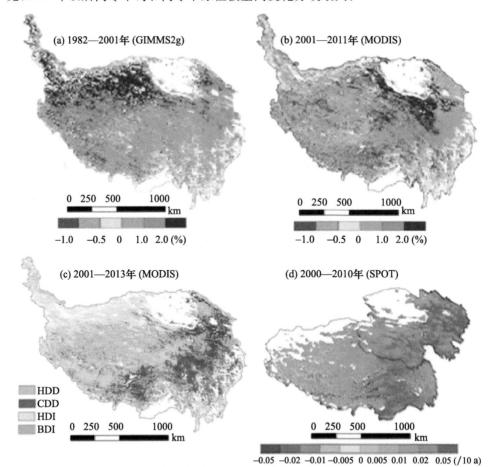

图 1.9　不同遥感数据源的青藏高原高寒草甸和高寒草原植被空间演变差异

(根据前人研究结果修改(Shen et al.,2015b;Sun et al.,2016;Wang et al.,2016b);c 图例中 HDD 表示人类活动主导的草地退化,CDD 表示气候主导的草地退化,HDI 表示人类活动主导的草地恢复,BDI 表示气候和人类活动共同主导的草地恢复)

（2）基于控制实验的植被变化差异

控制实验模拟了气候变化对植被生长的影响。高寒草甸和高寒草原地上生物量对气候变化的响应存在差异。增温控制实验结果证明增温以后高寒草原的地上生物量呈下降趋势（Ganjurjav et al.，2016；Zhao et al.，2019）。增温以后高寒草甸的地上生物量的变化存在分歧，一种观点认为增温增加了高寒草甸的地上生物量（Ganjurjav et al.，2016；Wang et al.，2012；Wen et al.，2020），另一种观点认为增温以后高寒草甸的地上生物量无明显变化（Fu et al.，2018，2019）。

控制实验结果表明高寒草甸和高寒草原的群落结构和物种组成对气候变化响应也存在差异。增温改变了高寒草原的群落结构。增温以后，高寒草原禾草和杂类草盖度下降，而豆科植物盖度增加（Ganjurjav et al.，2016）。增温导致豆科的比例增加，杂类草比例下降，而禾草比例无变化（Ganjurjav et al.，2018）。控制实验对高寒草甸群落结构变化观测结果不一致。一种观点认为增温以后高寒草甸的植物高度增加，但禾草和杂类草的盖度无明显变化（Ganjurjav et al.，2016）；另一种观点认为增温以后高寒草甸的群落结构物种组成发生改变，禾草的比例下降，嵩草的比例增加（Ganjurjav et al.，2018）。有研究也发现增温以后高寒草甸禾草的重要值增加，而嵩草和杂类草的重要值下降（Peng et al.，2017）。功能群禾草、嵩草和豆科及非豆科杂草对温度和水分的响应存在差异。温度上升以后禾草和嵩草的地上生物量没有发生改变，杂类草的地上生物量显著增加；降水增加以后禾草和嵩草的地上生物量显著增加，杂类草的地上生物量无明显变化（Xu et al.，2018）。

（3）基于野外调查的植被变化差异

基于野外调查的高寒草甸和高寒草原的植被变化存在差异。研究表明高寒草甸的地上生物量与海拔和土壤湿度呈负相关，与土壤氮含量呈正相关。高寒草原地上生物量与 30 cm 土壤有机碳、年均降水量及纬度呈正相关，与经度呈负相关（Sun et al.，2013b）。野外调查发现永久性冻土变化对高寒草甸和高寒草原的影响存在差异。随着冻土活动层的增加，高寒草甸的地上生物量和盖度显著下降，土壤有机质含量下降，表层土壤变得粗骨化，土壤容重、孔隙度和饱和水传导率均增大，持水能力减小。高寒草原的地上生物量和盖度及土壤理化性质没有发生明显变化（Wang et al.，2006，2007）。草地退化以后，高寒草原和高寒草甸植被群落结构、植物多样性、地上—地下生物量、根系分配及土壤理化特性也存在差异。研究表明随着退化程度加剧，高寒草原禾草优势地位未改变，高寒草甸优势种莎草逐渐被杂类草取代；高寒草原地上生物量显著降低，高寒草甸的地上生物量先保持稳定再下降；高寒草原根系向浅层迁移，高寒草甸根系向深层迁移；退化对高寒草甸土壤含水量、土壤有机碳、总氮及土壤容重影响均比高寒草原更强烈（郝爱华 等，2020）。

综上所述，基于遥感数据的青藏高原高寒草甸和高寒草原的植被变化存在时空差异，可能是由于遥感数据源不同、模型参数设置不同以及研究时段不同导致的（Li et al.，2018a）。基于控制实验和野外调查的研究结果表明两种生态系统的群落结构物种组成不同,从而对水热的需求存在差异,有可能是导致二者植被变化差异的原因,但其机理不清楚。

1.2.4 植被变化的驱动机制

植被生长受各种环境条件的限制,比如气候、地形地貌和土壤等。环境条件变化会引起植被变化,如植被生产力、群落结构、生理生态特征、物候等(Cleland et al.,2007;Lambers et al.,2019)。植被变化又通过各种生物、非生物之间的相互作用反馈到气候—植被—土壤系统中(Nemani et al.,2003;Peng et al.,2014)。青藏高原及其周边地区大气环流特征为夏季印度季风和冬季西风带,东亚季风影响有限(Chen et al.,2012;Xu et al.,2014b;Yao et al.,2012)。青藏高原的高海拔地形是中纬度西风带的屏障,并通过其动力和热驱动力增强了印度季风,从而极大地影响了高原及周边地区的气候带和植被分布(Yao et al.,2019)。

总体上,青藏高原气温增加、降水增加的区域植被呈增加态势,而在气温增加、降水减少的区域植被受干旱胁迫呈退化态势(Li et al.,2018a)。青藏高原植被生长期受到低温环境的限制。气温升高可促进植被的新陈代谢,延长生长季的长度,从而提高植被的生产力(Gao et al.,2013b;Shen et al.,2016;Zhang et al.,2014a),从这一角度讲,气候变暖有利于青藏高原植被生长(Bai et al.,2020)。区域尺度上,由于青藏高原干旱、半干旱气候区面积广大(Huang et al.,2017),植被生长又受到水分供应的限制(Li et al.,2019b;Piao et al.,2012;Zhao et al.,2021)。一方面,较高的气温会增加地表蒸散量,加剧水分胁迫,对植物生长产生负面影响(Ganjurjav et al.,2016)。气候变暖导致青藏高原低空大气水汽压亏缺,造成低空大气干燥,对植被生长形成负面影响(Ding et al.,2018)。另一方面,控制实验证明增温导致表层土壤水分减少,容易对浅根系植被造成干旱胁迫(Xu et al.,2015;Xue et al.,2017)。气候变暖造成青藏高原永久性冻土退化(Wu et al.,2010),冻土活动层增厚,永久性冻土的上限下移(Wu et al.,2015b;Wu et al.,2010),表层土壤水分向深层迁移,引发表层土壤干旱,从而限制了浅根系植被生长(Xue et al.,2014)。其机理是植物受到干旱胁迫以后,气孔闭合,抑制了植物的光合作用(Adams et al.,2009;Eamus et al.,2013;Konings et al.,2017;Reich et al.,2018)。

青藏高原植被变化的主导因素存在空间异质性(Wu et al.,2020;Zou et al.,2020)。降水增加导致东北部祁连山区植被指数增加(Huang et al.,2016;Li et al.,2020b)。温度上升导致三江源地区地上生物量呈现增加的趋势(Nie et al.,2018)。受气温、降水以及太阳辐射的综合影响的水资源可利用量主导了青藏高原西南地区植被的变化(Li et al.,2018b)。青藏高原东部 NPP 的增加主要是由于 CO_2 的浓度增加造成的(Piao et al.,2012),东南部森林生长则受太阳辐射的控制(Wang et al.,2015a)。

青藏高原海拔高、地处偏远、交通困难、气候寒冷,总体上人类活动强度较小。但是,近年来青藏高原的人类活动增长迅速。人口的增加促进了农业和畜牧业、交通、城市化、旅游业的发展(Yu et al.，2012)。虽然青藏高原的植被变化主要受气候要素的驱动(Lehnert et al.，2016；Li et al.，2018b)，但区域尺度上人类活动对植被生长的影响也不容忽视。人类活动在一定程度上调控青藏高原气候对植被生长的影响(Wei et al.，2020)。人口、牲畜数量驱动区域尺度植被退化(Gao et al.，2013a；Li et al.，2016；张镱锂 等，2006)。区域尺度上人类活动抵消了气候变化对植被生长的正效应(Li et al.，2018b)。人类活动对青藏高原植被生长的影响越来越受到学术界的关注。

高寒草甸和高寒草原植被变化的驱动机制也存在争议。多数学者认为高寒草甸植被生长受温度控制(Ganjurjav et al.，2016；Wang et al.，2016；Zhang et al.，2014b)。有的学者不同意这种观点，认为是降水主导高寒草甸植被生长，而不是温度(Sun et al.，2016)。也有学者认为高寒草甸植被春季受太阳辐射影响，夏季受温度影响(Zheng et al.，2020)。多数学者认为降水(Sun et al.，2016；Zheng et al.，2020)和土壤水分(Ganjurjav et al.，2016；Wang et al.，2016a)决定了高寒草原植被发展过程。然而也有少数研究表明高寒草原植被生长受温度条件控制(Ran et al.，2019)。由此可见，高寒草甸和高寒草原植被变化的驱动机制仍然不清楚。

1.2.5　植被突变的检测方法

植被是陆地地表植物群落的总称，是生态系统的重要组成部分。植被生长受地形、气候、土壤等环境要素的综合影响，同时又反作用于环境(Ruiz et al.，2005)。而仅仅对植被变化进行长时间序列的分析，忽视精细变化特征描述，不能监测长时间序列数据中的波动特征，已经无法满足植被保护和恢复决策的差异化和管理差异化的需求(Matthias et al.，2013；刘可 等，2018)。因此，分析突变拐点前后植被变化的趋势引起学术界的关注。

目前植被趋势变化突变拐点的检测方法主要有：观察法、曼-肯德尔(Mann-Kendall，M-K)、遥感影像起始年份、降水短缺年份、集成经验模型分解法、分段线性回归模型和分离趋势和季节项的突变点(BFAST)模型(表 1.5)。

表 1.5　植被突变检测方法

检测方法	数据来源	研究时段	突变时间	研究区域	参考文献
观察法	GIMMS	1982—2006 年	1993 年	青藏高原	(Cai et al.，2015)
	GIMMS2g	1982—1999 年	1991 年	青藏高原	(Piao et al.，2006b)
BFAST 模型	MODIS	2000—2015 年	2010 年	青藏高原	(Li et al.，2018b)
Mann-Kendall	MODIS	2000—2012 年	2004 年	青藏高原	(Xu et al.，2016a)
遥感影像起始年份	GIMMS3g MODIS	1982—2011 年	2001 年	青藏高原	(Chen et al.，2014)
	GIMMS2g MODIS SPOT-VGT	1982—2010 年	1999 年	青藏高原	(Shen et al.，2015b)

续表

检测方法	数据来源	研究时段	突变时间	研究区域	参考文献
集成经验模型分解法	GIMMS3g	1982—2012 年	1997 年	青藏高原	(Pang et al.，2017)
降水短缺年份	GIMMS2g SPOT-VGT	1982—2009 年	1994 年 2002 年 2006 年	青藏高原	(张镱锂 等，2013)
分段线性回归模型	GIMMS3g	1982—2013 年	1988 年	全球	(Pan et al.，2018)

观察法通过目视的方法判断长时间序列植被趋势变化的拐点。这种方法在青藏高原植被变化的研究中也有运用,例如,通过观察发现青藏高原 NPP 在 1991 年发生突变,1982—1991 年变化趋势不明显,而 1991—1999 年显著增加(Piao et al.，2006b)。观察 1982—2006 年青藏高原植被绿度在 1993 年发生突变(Cai et al.，2015)。有些学者直接以 MODIS 遥感影像的起始年作为植被变化的突变点(Chen et al.，2014；Shen et al.，2015b),例如,利用 GIMMS 第三代归一化植被指数(NDVI3g)数据分析 1982—2001 年青藏高原植被 NPP 的时空变化,利用 MODIS NDVI 数据分析 2001—2011 年植被 NPP 的变化趋势(Chen et al.，2014)。对 1982—2009 年青藏高原自然地带、流域的植被变化研究时,根据降水量较少年 1995 年和 2002 年划分植被变化的突变拐点(张镱锂 等,2013)。也有学者采用集成经验模型分解法和分段线性回归模型来确定植被变化出现拐点的时间(Pan et al.，2018；Pang et al.，2017)。集成经验模型分解法是一种用于分析非线性和非平稳数据适应局部时间序列的分析方法。它对加白噪声信号的数据集进行筛选,并且只处理在平均过程中存留下来的持久部分,作为最终真实的和更有物理意义的结果(Wu et al.，2011)。分段回归模型主要通过识别最小剩余平方和来判断时间趋势的突变点(Tomé et al.，2004)。传统上采用 M-K 来检测植被长时间序列趋势的突变特征。M-K 测试方法是一种非参数方法,又称无分布测试法,适用于类型变量与顺序变量,计算方法简单,并且不受少数异常值干扰(赵安周 等,2015)。BFAST 模型是一种检测植被时间序列突变的新的方法,采用月平均数据,而传统的 M-K 检测采用年平均数据,因此 BFAST 模型的检测结果更为精准(王烨 等,2016)。关于 BFAST 模型在2.3.1 节有详细说明。

1.3 研究目标与研究内容

1.3.1 研究目标

通过研究青藏高原高寒草甸和高寒草原植被与气候要素的时空变化差异,分析二者之间的关系;结合两种类型植被生境和生态生理特征,探讨导致高寒草甸和高寒草原对气候变化差异响应的机制,为预测未来气候变化背景下高寒草地发展方向提供理论支撑。

1.3.2　研究内容

不同遥感数据源监测的青藏高原植被变化时空格局的研究结果不一致。基于模型模拟植被 NPP 时,存在参数设置的人为因素不确定性。研究时相不同也会影响植被变化趋势分析结果。因此,本书利用长时间连续序列的一种数据源 GIMMS NDIV3g 作为植被指标,同时结合气象数据(气温、降水、太阳辐射和 SPEI)、野外调查的植被特征(群落高度、盖度、物种多样性、地上—地下生物量、根冠比)、土壤理化特征(0～10 cm、10～20 cm、20～30 cm、30～50 cm,土壤容重、pH 值、有机碳、总氮、土壤温度、土壤水分)及其他辅助数据(土地覆盖类型数据、数字高程模型、MODIS NDVI 和 SPOT NDVI 遥感产品数据),研究了 1982—2015 年青藏高原高寒草甸和高寒草原生长季 NDVI 时间趋势和空间格局的差异特征,分析了植被 NDVI 与气温、降水、太阳辐射和 SPEI 的响应关系,分析了 1982—2015 年高寒草甸和高寒草原气候要素的时间趋势及空间格局的差异特征,探讨了生长季 NDVI 与气候要素的关系。同时对野外调查的群落结构和物种组成、地上—地下生物量、物种多样性及海拔、经纬度及土壤理化特征的关系进行分析。具体研究内容包括以下几个方面。

(1)1982—2015 年高寒草甸和高寒草原植被变化特征差异

通过对季节 NDVI 的突变检测,分析了 1982—2015 年高寒草甸和高寒草原植被突变特征和渐变趋势。通过对生长季 NDVI 的线性趋势及空间格局变化特征分析,揭示高寒草甸和高寒草原植被变化时空差异特征。

(2)1982—2015 年高寒草甸和高寒草原气候变化特征差异

通过偏相关分析揭示气候影响植被生长的滞后效应。通过分析生长季气温、降水、太阳辐射及 SPEI 的线性趋势和空间格局变化特征,揭示高寒草甸和高寒草原气候变化的时空差异特征。

(3)1982—2015 年高寒草甸和高寒草原植被与气候要素的关系

通过分析生长季 NDVI 与相应的气温、降水、太阳辐射和 SPEI 的时间和空间相关性,揭示高寒草甸和高寒草原对气候变化的响应规律及其差异特征。

(4)高寒草甸和高寒草原的生境及植被特征差异

通过分析海拔、经纬度及 0～10 cm、10～20 cm、20～30 cm、30～50 cm 土壤温度、水分、pH 值、土壤容重、有机碳、总氮、碳氮比特征,认识高寒草甸和高寒草原植被生境差异性特征。通过分析植被高度、盖度、地上—地下生物量、根冠比和物种多样性,了解高寒草甸和高寒草原植被的差异性特征。通过分析地上—地下生物量、物种多样性和土壤理化性质的关系,揭示高寒草甸和高寒草原植被对地形地貌和土壤条件的响应规律及其差异特征。

(5)高寒草甸和高寒草原对气候变化差异响应的机理

通过分析不同时段生长季 NDVI 对气温、降水、太阳辐射、SPEI 的响应规律及差异,与野外调查的地上—地下生物量,物种多样性,0～10 cm、10～20 cm、20～30 cm 及 30～50 cm 土壤温度、水分、pH 值、容重、有机碳、总氮的响应规律及差异进行对比,从而揭示高寒草甸和高寒草原对气候变化呈现差异响应的机理。

1.4　技术路线

技术路线见图 1.10。

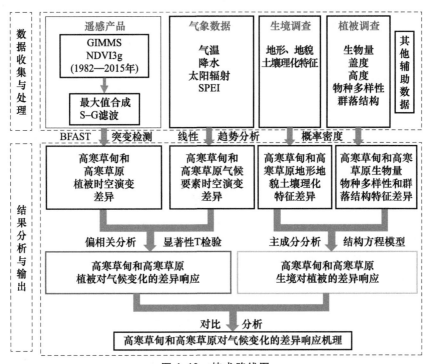

图 1.10　技术路线图

第 2 章

研究区概况与研究方法

2.1 研究区概况

2.1.1 地理位置

青藏高原高寒草甸的面积约 6.08×10^5 km²，高寒草原的面积约 5.86×10^5 km²。高寒草甸和高寒草原在空间上的分布特征既非典型的经度地带性，又不是沿海拔有规律分布的垂直地带性，而是以水平地带性为基础的垂直地带性（王秀红，1997a），属于典型的"高原地带性"（张新时，1978）。高寒草甸主要分布在青藏高原东部，包括祁连山东段南坡、青南高原、甘南高原、川西北高原一隅和东喜马拉雅山南坡。高寒草原集中分布在青藏高原的中西部，即羌塘高原、青南高原西部、藏南高原（王金亭，1988）。在青藏高原北部，高寒草原多分布在海拔 3000～4500 m，在阿尔泰山最低分布下限可达 2400 m，在西藏中西部的分布高度为海拔 4300～5000 m（张新时，1978）。

高寒草甸和高寒草原的空间分布见图 2.1。

2.1.2 地形地貌

高寒草甸集中分布在青藏高原中东部，地势由东南陡峻的深切峡谷向西北高原腹地转变（王秀红，1997c），呈西南—东北向条带状延伸。巴颜喀拉山和唐古拉山之间的高寒草甸多为宽谷、盆地和缓丘地貌类型。东部高寒草甸地区地势较低，海拔约 3500 m，西部地势较高，海拔 4000～4600 m（王秀红，1997b）。东南部高寒草甸地区河谷切割较深，西北高原寒冻风化作用显著，冰缘地貌发育，且有岛状冻土分布（郑度 等，1979）。

高寒草原所在的青藏高原西部虽受河流切割，但因为强烈的寒冻风化作用，地貌仍保持完整和开阔的形态。高寒草原的主体分布区域是羌塘高原，其中部和南部为内流区域,地形开阔,河流短小,湖泊众多,形成高原湖盆地貌,地势高亢,高原面自海拔 4500 m 缓慢上升至 5000 m。羌塘高原西部与西北部,深居高原腹地,受西南季风影响很小,主要被西风干冷环流控制,具有高寒草原向高寒荒漠过渡特征。藏南谷地,纵贯于西藏高原南部,南北两侧耸立着高大的喜马拉雅山、念青唐古拉山和冈底斯山。雅鲁藏布江中下游两岸阶地地貌发育,而上游地区江面较宽,两岸阶地地貌发育不良,海拔则上升至 4400~4600 m(周兴民,1980)。

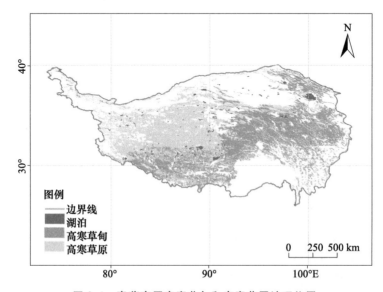

图 2.1 青藏高原高寒草甸和高寒草原地理位置

(草地类型数据来源于 2001 年中科院植物研究所 1:1000000 中国植被类型图)

图 2.2 和图 2.3 为高寒草甸和高寒草原沿海拔梯度分布情况。由图可知,高寒草甸分布在海拔 4000~5000 m 的地区,占高寒草甸总面积的 63.22%。高寒草原主体分布在海拔 4000~6000 m 的地区,占高寒草原总面积的 93.94%。21.68% 和 38.96% 的高寒草甸和高寒草原分布在海拔 5000~6000 m 的地区。

高寒生态系统是指在冻融作用下形成的永久冻土层组合、低温生态系统以及高寒环境中水热变化的相关过程(Walker et al.,2003;Wu et al.,2003)。由此可见,冻土是高寒生态系统最重要的特征之一。青藏高原的冻土面积为 1.5×10^6 km²(Cui et al.,2009)。高寒草甸地区的多年冻土主要分布在青藏高原中部的三江源地区(图 2.4),占高寒草甸总面积的 23.16%。高寒草原地区的多年冻土主要分布在西藏自治区中部、北部和西北部,占高寒草原总面积的 63.21%。高寒草原的多年冻土面积大于高寒草甸。高寒草甸季节性冻土面积占比高于高寒草原。冻土数据来源于国家青藏高原科学数据中心(http://data.tpdc.ac.cn/)。

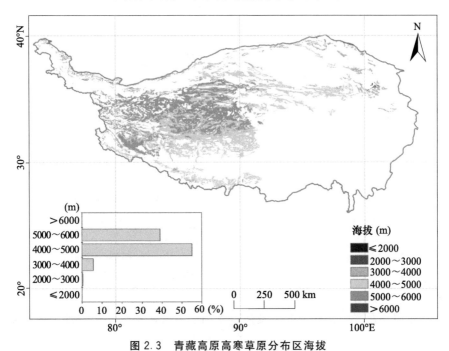

图 2.2　青藏高原高寒草甸分布区海拔

（内插柱状图表示不同海拔梯度高寒草甸面积占比）

图 2.3　青藏高原高寒草原分布区海拔

（内插柱状图表示不同海拔梯度高寒草原面积占比）

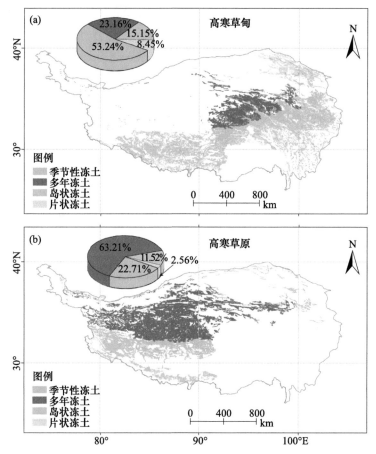

图 2.4 青藏高原高寒草甸和高寒草原多年冻土分布概况

（内插饼图表示不同冻土类型占高寒草甸或高寒草原总面积的百分比）

2.1.3 气候状况

高寒草甸的气候属于高寒半湿润半干旱气候,具有气温低、降水充沛、日照充足、太阳辐射强、没有绝对无霜期等气候特点。该区域的年平均气温低于 0 ℃,最冷月(1 月)平均气温低于 −10 ℃,最热月平均气温不高于 15 ℃。太阳年总辐射量超过 6000～7000 MJ/m²。高寒草甸的植被生长期短,≥0 ℃积温为 1000～1800 ℃·d。虽然热量水平较低,但水分较充足,年降水量平均在 450 mm 左右,在东部为 600～800 mm 及以上(周兴民,1980)。

高寒草原是在严寒、干旱、多风及强烈太阳辐射气候条件下形成的。高寒草原气候干寒,冬季多风,夏季受西风气流的影响,比较湿润,年平均气温 −4.4～0.0 ℃,极端最低气温可达 −40.0 ℃,极端最高气温可达 23.3 ℃,年降水量 100～300 mm,年蒸发量 2000 mm。全年 80%～90% 的降水集中在 6—9 月,水热同期(周兴民,1980)。

2.1.4　土壤类型

高寒草甸的土壤类型按中国土壤分类系统为高山草甸土(寒毡土),基本特征是表层为厚 8～10 cm 的死根和活根密集纠结而成的草毡层(A_s 层),发育良好厚度可达 30 cm,其下为腐殖质层(A_1 层),淀积层(B 层)发育不明显,母质层(C 层)受基岩影响较大(郑度和赵东升,2017)。该区土壤的风化程度低,粗骨性强,土层较薄,厚度约 30 cm,局部地区在 50 cm 以上。土层下面多砾石,透水性强,保水性差。由于气候寒冷,土壤下层具有冰冻层。

高寒草原地区的土壤按中国土壤分类系统属高山草原土,成土母质为洪积物、湖积物、残坡积物和风积物等。土壤质地粗糙、疏松,结构性差,多为砂砾质、粗砾质或砂壤质,成土过程较弱,土层薄,有机质含量低,矿化度高,呈碱性反应(郑度和赵东升,2017)。

按联合国粮食及农业组织(FAO)土壤分类系统,高寒草甸地区的土壤属始成土,高寒草原地区的土壤属钙化土。

2.1.5　植被状况

高寒草甸和高寒草原是青藏高原最主要的两种草地类型(Zhang et al.,2013b)。高寒草甸是亚洲中部高山及青藏高原隆起之后所形成的寒冷、湿润气候的产物,是草甸植被中适寒生境的类型。青藏高原的高寒草甸以耐寒、适寒的中生多年生草本植物为建群种,草群密集,草层低矮,平均高度为 3～15 cm,覆盖度平均为 70%～95%,无明显层次分化的群落类型(王金亭,1988)。以莎草科喜凉物种为优势种,以各种嵩草类最为典型,如高山嵩草(*Kobresia pygmaea*)、矮生嵩草(*K. humilis*)。常见的伴生种为菊科风毛菊属、紫菀属、蒲公英属、火绒草属,蔷薇科委陵菜属,蓼科蓼属,玄参科马先蒿属,石竹科点地梅属及莎草科苔草属的一些植物。高寒草甸的优势种嵩草根系为深褐色,盘根错节,在表层形成 0～30 cm 的草毡层,紧实并富有弹性,极耐牲畜踩踏。

高寒草原是在寒冷、干旱的亚高山、高山地区,由冷旱生密丛型多年生禾草、青藏苔草(*Carex moorcroftii*)等为建群种,或以疏松根茎型禾草以及小半灌木为优势种所形成的一类草原(王义凤,1963;周兴民,1980)。以紫花针茅(*Stipa purpurea*)为优势种的高寒草原在羌塘高原分布最广泛(郑度和赵东升,2017)。高寒草原植被稀疏,覆盖度低,平均为 20%～30%,高者可达 50%～60%。草层平均高度 20～40 cm,高者可达 60 cm,垂直分层结构明显,一般可分为三层,最上层的丛生禾草层为建群层,植株高大。主要物种类型包括紫花针茅、羽柱针茅(*S. subsessiliflora*)、短花针茅(*S. breviflora*)、沙生针茅(*S. glareosa*)、梭罗草(*Roegneria thoroldiana*)、羊茅(*Festuca ovina*)和高山早熟禾(*Poa alpina*)等。根茎苔草层是高寒草原最上层的另一种建群层,代表性物种为硬叶苔草(*Carex sutschanensis*),其生态适应幅度较广,也是高寒荒漠草原的主要建群种。此外本层代表物种还有黑褐苔草（*C. atrofusca*）。中间层为杂草层,在群落结构中多处于从属地位,草本低矮,不构成高寒草原的群落外貌。最底层为地被层,主要物种有垫状点地梅（*Androsace tapete*）、细小棘豆（*Oxytropis pusilla*）,常见的还有石竹科蚤缀属的一些物种（王金亭和李渤生,1982）。高寒草原优势种禾草的根系为线状,颜色为浅褐色,根系最长可达地下 85 cm（Xu et al.,2018b）。

图 2.5 为高寒草甸和高寒草原的生态特征示意图。图 2.6 为高寒草甸和高寒草原的景观。图 2.7 为高寒草甸和高寒草原的优势种高山嵩草和紫花针茅的群落外貌和标本。

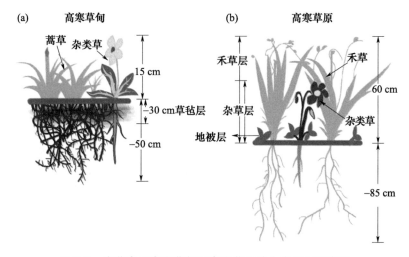

图 2.5　青藏高原高寒草甸和高寒草原的生态特征示意图

图 2.6　青藏高原高寒草甸和高寒草原景观

图 2.7 高山嵩草和紫花针茅的群落外貌和标本

(a 和 d 为高山嵩草和紫花针茅群落外貌,b 和 c 为高山嵩草标本,e 和 f 为紫花针茅标本;
图片来源:中国植物图像库(https://www.plantplus.cn/cn))

2.1.6 人类活动状况

20 世纪中叶以来,随着人口增加,人类活动越来越剧烈。尽管青藏高原人口稀少,人类活动干扰相对较少,但人口的增加仍然促进了当地交通基础设施的建设、旅游业和农业的发展、牲畜数量的增加以及其他一些人类活动(Du et al.,2004;Liu et al.,1999;Zhang et al.,2008)。高寒草甸超过 90% 的面积受到人类活动的干扰,而高寒草原几乎 60% 的面积未受人类活动扰动(图 2.8)。高寒草甸人类活动强度大的区域集中在青藏高原东北、东部及东南部,且 2000 年后这些区域的人类活动强度比 2000 年前明显增强。青藏高原中部 2000 年前大部分未受人类活动干扰,但 2000 年以后人类活动的干扰明显增加。高寒草原的人类活动强度 2000 年前后没有太大变化(Venter et al.,2016)。

放牧是青藏高原人类活动的重要方式。草地是重要的放牧区。高寒草甸和高寒草原的放牧畜种有所不同。高寒草甸的放牧畜种主要以牦牛和藏绵羊为主,高寒草原的放牧畜种以藏绵羊和藏山羊为主(Wei et al.,2001;郑度和赵东升,2017)。

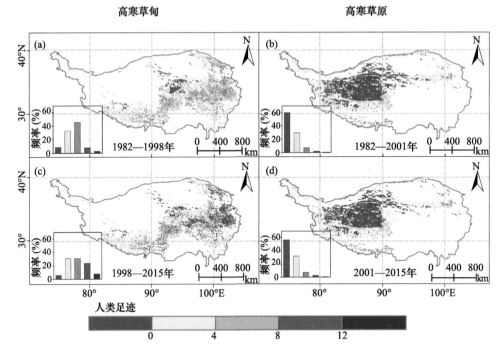

图 2.8 1982—2015 年青藏高原高寒草甸和高寒草原人类足迹空间分布

2.2 数据源与处理

2.2.1 遥感产品数据

本书采用的植被指标为 GIMMS NDVI3g 遥感产品,该数据集是由美国国家海洋和大气管理局(NOAA)系列气象卫星上的先进其高分辨率辐射仪(AVHRR)生成的。数据时间序列为 1982—2015 年,时间分辨率为 15 d,空间分辨率为 $1/12°\times 1/12°$(Pinzon et al.,2014)。数据格式为 NETCDF。该数据集已进行过各种处理,以尽量减少各种噪音影响,具体包括校准、轨道漂移、观察几何、火山爆发等(Wang et al.,2017b)。与 GIMMS NDVI2g 相比,GIMMS NDVI3g 产品旨在提高中高纬度地区的图像质量,其反映的植被变化趋势更为平稳,更适合北半球植被活动研究(Pang et al.,2017;Zhu et al.,2013)。

为了进一步消除云、积雪和其他大气污染物对图像质量的影响,首先对数据进行预处理。利用 ArcMap 10.5 对所有影像进行最大值合成(MVC),获取月尺度最大 NDVI 值(Holben,1986)。然后通过矩阵实验室(MATLAB)中的时间序列滤波

（TIMESAT）软件包对数据进行平滑滤波器（Savitzky-Golay）滤波处理（Jönsson et al.，2004），对数据进行重构，提高数据质量。图 2.9 是 1982 年北麓河（34.82°N，92.92°E）基于像元月尺度 NDVI 的 Savitzky-Golay 滤波效果，滤波后 NDVI 数据变得更加平滑。季节性 NDVI 取对应月份 NDVI 的平均值（Holben，1986），通过 Arc-Map 10.5 软件中栅格计算器完成。

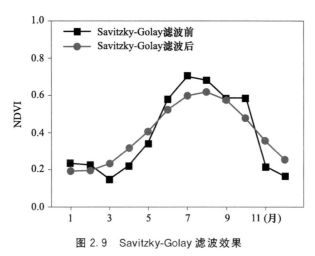

图 2.9　Savitzky-Golay 滤波效果

　　生长季是指植物从春季开始返青到秋季开始衰老的时间段。青藏高原植被的春季返青期差异显著，自东向西返青期逐渐推迟。东部的返青期在 4 月底至 5 月初，中部 5 月中旬返青，西部 5 月底至 6 月初返青（Yu et al.，2010）。前人的研究在生长季的选择上一般取整体平均，即 4—10 月（Zhang et al.，2013b）、5—9 月（Shen et al.，2015b）或 6—9 月（Shen et al.，2014）。青藏高原植被生长季比较短。根据野外观测的记录，高寒草甸和高寒草原的平均春季返青期相差不到 15 d，高寒草原优势种禾草和高寒草甸优势种莎草的平均春季返青期相差仅仅几天。因此，将高寒草甸和高寒草原的生长季统一定义为 5—9 月（Shen et al.，2015b）。同时，考虑高寒草甸和高寒草原生长季 NDVI 小于 0.1 的像元的值，因为高寒草甸的生长季 NDVI 小于 0.1 的像元占比仅为 2.73%，对高寒草甸的植被研究结果影响不是很大，但高寒草原生长季 NDVI 小于 0.1 的像元占比例达 28.7%，如果将这些像元的值去掉，势必会影响植被变化研究结果（图 2.10）。

　　为了和 GIMMS NDVI3g 研究结果进行对比，采用 MODIS13A2 NDVI（https://lpdaac.usgs.gov/products/mod13a2v006/）和 SPOT-VGT（https://www.vito-eodata.be/）遥感数据产品（表 2.1）。MODIS13A2 为第六代 MODIS NDVI 产品，由 MODIS-Terra 产生。时间跨度为 2000 年至今，时间分辨率为 16 d，空间分辨率为 1 km×1 km，选取 2001—2015 年的 MODIS 数据集。SPOT-VGT 数据时间分辨率为 10 d，空间分辨率为 1 km×1 km，时间跨度 1998—2013 年。采用的 SPOT-

VGT 时段为 2001—2013 年。两种遥感数据产品均采用最大值合成法生成月尺度 NDVI 数据集,再进行 Savitzky-Golay 滤波处理,数据重构,提高数据质量。

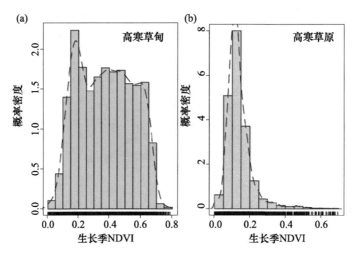

图 2.10　高寒草甸和高寒草原生长季 NDVI 像元概率密度

表 2.1　遥感数据源基本信息

数据	空间分辨率	时间分辨率	时相	参考文献
MODIS	1 km×1 km	16 d	2000 年至今	(Huete et al. ,2002)
GIMMS3g	0.083°×0.083°	15 d	1982—2015 年	(Pinzon et al. ,2014)
SPOT-VGT	1 km×1 km	10 d	1998—2013 年	(Toté et al. ,2017)

2.2.2　气象数据

本书采用的气候数据为中国区域地面气象要素驱动数据集(CMFD),数据源为国家青藏高原科学数据中心(http://data.tpdc.ac.cn/)。该数据集提供了 2 m 气温、地表压力、比湿、10 m 风速、向下短波辐射、向下长波辐射和地面降水率 7 个近地表气象要素(Kun et al. ,2019),时间和空间分辨率分别为 3 h 和 0.1°×0.1°,数据记录从 1979 年 1 月到 2018 年 12 月,数据格式为 NetCDF。该数据集是为研究中国陆地表面过程而开发的一套高时空分辨率网格化近地表气象数据集。温度数据集是由中国 740 个气象站的观测数据和普林斯顿驱动数据组合而成的(Sheffield et al. ,2006)。降水数据是以国际上现有的降水再分析资料、全球陆面数据同化系统资料(GLDAS)、全球能量和水循环试验-地表辐射收支资料(GEWEX-SRB),以及热带测雨任务卫星降水资料(TRMM)和气象站现场观测数据融合而成(Chen et al. ,2011)。采用 Anu-Spline 统计插值,具有较高的精度。仅采用 1982—2015 年的气温、降水和太阳辐射数据序列。为匹配 GIMMS NDVI3g 数据,将采用的气象数据用 ArcMap 10.5 重采样为 0.083°×0.083°。

　　气候站点数据来源于国家气象科学数据中心。获取了 1960—2017 年青藏高原地区 79 个标准气候台站逐月气象观测数据。采用平均气温、降水量、日照时数气象要素值。依据气象台站的具体经纬度和 2001 年中国科学院植物研究所 1∶1000000植被类型数据,提取了位于高寒草甸地区的 17 个台站以及位于高寒草原地区的 10个气象站点(图 2.11 和表 2.2)。采用的气象站数据时间跨度为 1982—2015 年。

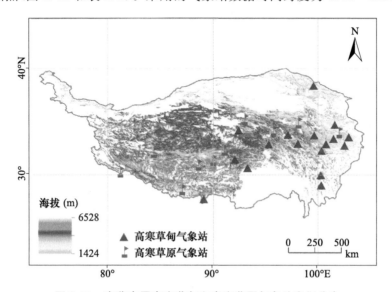

图 2.11　青藏高原高寒草甸和高寒草原气象站空间分布

表 2.2　青藏高原高寒草甸和高寒草原气象站点基本信息

草地类型	台站号	海拔(m)	台站名称
	52645	3320	野牛沟
	55299	4507	那曲
	55773	4300	帕里
	56004	4533	沱沱河
	56018	4066	杂多
	56034	4415	清水河
高寒草甸	56038	4200	石渠
	56046	3967	达日
	56065	3500	河南
	56067	3628	久治
	56079	3439	若尔盖
	56151	3530	班玛
	56152	3893	色达

草地类型	台站号	海拔(m)	台站名称
高寒草甸	56173	3491	红原
	56202	4488	拉萨
	56257	3948	理塘
	56357	3727	稻城
高寒草原	52908	4612	五道梁
	55248	4414	改则
	55279	4700	班戈
	55294	4800	安多
	55437	4900	普兰
	55472	4672	申扎
	55664	4300	定日
	56021	4175	曲麻莱
	56033	4272	玛多
	56074	3471	玛曲

标准化降水—蒸散发指数由英国东安格利亚大学气候研究中心(https://digital. csic. es/handle/10261/202305)提供(Vicente et al. ,2010)。该数据提供了全球范围内有关干旱情况的长期、可靠信息。空间分辨率 $0.5°×0.5°$,时间分辨率为1个月,数据跨度 1901—2015 年,该数据具有多尺度特征,提供了 1~48 个月的特定时间尺度 SPEI。SPEI 作为标准化变量,表示当前气候平衡(降水量减去潜在蒸散发)相对于长期平衡的偏差。SPEI 可以作为一个标准化的变量,进行跨时间和空间比较。SPEI 值越小代表气候干旱程度越高。选取 1982—2015 年 3 个月尺度的 SPEI 数据集。为匹配 GIMMS NDVI3g 数据,将采用的 SPEI 数据重采样为 $0.083°×0.083°$。

2.2.3 植被和生境调查数据

2.2.3.1 植被调查

2014 年 7 月在青藏高原北麓河、青海湖、尕海等典型高寒草地地区开展植被调查,设置 21 个样点;2020 年 8 月在西藏自治区高寒草原地区采样,设置 16 个样点(图 2.12)。两次共调查高寒草甸 12 个样点,高寒草原 25 个样点。高寒草甸草地类型以高山嵩草草甸和矮生嵩草草甸为主,高寒草原草地类型以紫花针茅草原和青藏苔草草原为主。每个样点根据植被盖度设置 5 个 5 m×5 m 大小的样方,每个样方内随机设置 3 个 1 m×1 m 的小样方(Yang et al. ,2009)(图 2.13 和图 2.14)。共调查了 555 个样方的植被盖度、多度、高度、频度、物种名称,同时记录每个样地的经纬度、海拔及周边地形地貌信息。调查的维管植物详见附录。利用数码相机拍照,再用 CAN-EYE-V6313 软件对图像进行分析,获取每个样方植被总盖度和每个物种分盖度。物种高度用钢卷尺测量,频度用物种出现的样方数/总样方数获得。

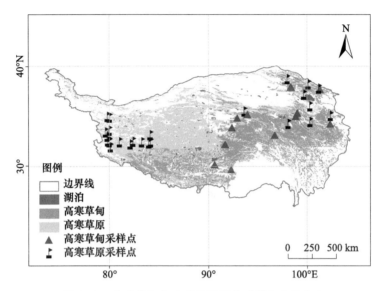

图 2.12　高寒草甸和高寒草原野外采样点空间分布

图 2.13　作者在青藏高原北麓河
高寒草甸做植被调查

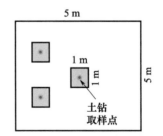

图 2.14　青藏高原高寒草地植被和
土壤调查样方设置方法

　　地上生物量采用刈割法收获(Xu et al.,2015)。具体方法是将每个样方内植物地上部分全部刈割,分成莎草、禾草和杂类草,分别置入信封内,再将信封放入 75 ℃烘箱内烘干至恒重并称重。地下生物量采用土钻法获取。用直径为 7 cm 土钻在每个小样方内随机钻取根系样品,分 0~10 cm、10~20 cm、20~30 cm 和 30~50 cm 四

33

个土层。根系样品带回实验室,首先过孔径 0.28 mm 土壤筛,去除杂质,然后将根系冲洗干净,并自然风干(图 2.15)。风干以后,根据根的颜色、断面、柔韧性及是否附着须根,分出活根和死根(Xu et al.,2016b)。将活根放入信封内,置入 75 ℃烘箱内烘干至恒重并称重,记入地下生物量。每个样方钻取的根系生物量均被换算成单位面积的地下生物量。每个样地的地上—地下生物量取各个小样方生物量的平均值(马文红 等,2008)。本书中地上—地下生物量均为当年净生产量,根冠比为当年9 月地下生物量与地上生物量之比。0~50 cm 地下生物量为 0~10 cm、10~20 cm、20~30 cm、30~50 cm 土壤层地下生物量平均值之和。

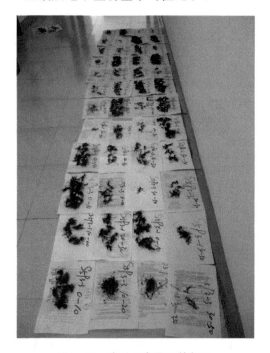

图 2.15 洗后正在风干的根系

2.2.3.2 土壤理化性质测定

(1)土壤物理性质测定

土壤温度采用温度计法测定。将土壤温度计分别插入土壤中,经过 10 min 后读取土壤温度数据。共获取 0 cm、0~5 cm、5~10 cm、10~15 cm、15~30 cm 和 30~60 cm 土壤温度数据。

土壤水分和土壤容重采用烘干法获取。土壤样品采用土钻法获取。用直径为7 cm 土钻在每个小样方中心钻取土壤样品,分 0~10 cm、10~20 cm、20~30 cm 和30~50 cm 四个土层。将采集的一部分新鲜土样置入铝盒,立即称重后带回实验室。再将装有土壤样品铝盒置入 105 ℃烘箱烘干 48 h,至土壤样品恒重时称重。并计算每立方米土壤含水量和土壤容重。

（2）土壤化学性质测定

将另外一部分采集的新鲜土样装入自封袋，带回实验室用来分析土壤化学特征。首先将土壤样品风干（图2.16）。其方法是将土壤样品弄碎平铺在干净的纸上，摊成薄层放置于楼道内阴凉通风处，每天加以翻动，以加速干燥。风干后的土样先仔细挑去石块、根茎等杂质，再进行磨细过筛处理。

① 土壤pH值采用酸比重计测量（FE28K，Mettler Toledo，上海）。

土壤风干样品研磨之后，过孔径1 mm土壤筛。称取25 g土壤样品，置于50 mL烧杯中，用量筒加25 mL蒸馏水，放在磁力搅拌器上搅动1 min，使土体充分散开，放置0.5~1.0 h使其澄清。将酸比重计玻璃电极的球泡插到下部悬浊液中，并在悬浊液中轻轻摇动，去除玻璃表面的水膜，使电极电位达到平衡。随后将甘汞电极插到上部清液中，接下读数开关进行pH值测定。

图2.16 土壤样品处理与化学性质测定

（a为正在风干的土壤样品，b为作者正在测定土壤化学性质，
c为土样中的砾石和根茎等杂质被去除，d为作者正在研磨土壤样品）

② 土壤有机碳采用重铬酸钾氧化法测定。

a 测定原理

在加热条件下,用一定量的重铬酸钾-硫酸标准溶液,氧化土壤有机碳。多余的重铬酸钾用硫酸亚铁溶液滴定,由消耗的重铬酸钾量计算出有机碳量。

b 试剂配制

0.8000 mol/L 的重铬酸钾标准溶液:称取经过 130 ℃烘 3～4 h 的分析纯重铬酸钾 39.225 g,用 400 mL 蒸馏水加热溶解,冷却后稀释定容至 1 L,摇匀备用。

0.2 mol/L 硫酸亚铁溶液:称取 56 g 化学纯硫酸亚铁,溶解于 600 mL 水中,加浓硫酸(1.84 g/mL,化学纯)15 mL,搅拌均匀,加水定容至 1 L。

邻菲啰啉指示剂:称取化学纯硫酸亚铁 0.695 g 和分析纯邻菲啰啉 1.485 g 溶于 100 mL 水中,此时试剂为红棕色。此试剂易变色,应保存于密闭的棕色瓶中备用。

c 操作步骤

土壤样品备制:土壤风干样品过 0.25 mm 筛。

第一步,称取 0.1～0.5 g 土样,放入试管中,用吸管加入 0.8000 mol/L 重铬酸钾标准溶液 5 mL,再用注射器注入 5 mL 浓硫酸,小心摇匀。

第二步,先将石蜡油浴锅温度升到185～190 ℃,将试管插入铁丝笼中,并将铁丝笼放入上述油浴中加热,此时温度应控制在 170～180 ℃,使试管内溶液保持沸腾 5 min。然后取出铁丝笼,待试管稍冷后用草纸擦净外部油液。

第三步,冷却后将试管内溶物洗入 250 mL 三角瓶中,使瓶内总体积在 60～80 mL(溶液酸度为 2～3 mol/L),然后加邻啡啰啉指示剂 3～5 滴,用 0.2 mol/L 硫酸亚铁溶液滴定,溶液由黄色经过绿色突变到棕红色即为终点。

第四步,空白对照实验。除不加试样外其余步骤与前三步完全相同。

第五步,计算:

$$土壤有机碳含量(\%) = \frac{\dfrac{0.8000 \times 5}{V_0} \times (V_0 - V) \times 0.003 \times 1.1}{m} \times 100 \qquad (2.1)$$

式中,V_0 为 5 mL 0.8000 mol/L 重铬酸钾标准溶液空白滴定时所消耗的硫酸亚铁溶液体积(mL);V 为滴定待测液中过剩的 0.8000 mol/L 重铬酸钾标准溶液消耗的硫酸亚铁溶液体积(mL);0.003 为 1 mg 当量碳的质量(g);1.1 为氧化校正系数;m 为土壤样品质量(g)。

③ 土壤总氮采用凯氏定氮法测定。

a 测定原理

土壤中的氮大部分以有机态存在,无机态含量极少,全氮量的多少取决于土壤腐殖质的含量。土壤中含氮有机化合物在还原性催化剂作用下,通过浓硫酸消化分解以后,含氮化合物中所含的氮转化为铵,并与硫酸根离子结合为硫酸铵。给消化液加入过量的氢氧化钠溶液,铵盐分解蒸馏出氨气,吸收在硼酸溶液中,最后以甲基红-溴甲酚绿为提示剂,用盐酸标准溶液滴定至粉红色为终点,根据盐酸标准溶液的用量,求出分析样品中的总氮含量。

b 配制试剂

混合催化剂:称取硒粉 1 g,硫酸钾 100 g,五水合硫酸铜 10 g。均匀混合后研细。贮于瓶中备用。

浓硫酸:1.84 g/mL 浓硫酸。

40%氢氧化钠溶液:称取 400 g 氢氧化钠置于烧杯中,加入蒸馏水 600 mL,搅拌使其全部溶解。

混合指示剂:称取溴甲酚绿 0.5 g 和甲基红 0.1 g,溶解于 100 mL 95%乙醇中,用稀盐酸调节 pH 值使之呈淡紫色,此溶液 pH 值应为 4.5。

2%硼酸溶液:称取 20 g 硼酸溶于 1000 mL 蒸馏水中,再加入 2.5 mL 混合指示剂。

1%盐酸标准溶液:取 1.19 g/mL 的浓盐酸 0.84 mL,用蒸馏水稀释至 1000 mL,标定。

c 操作步骤

第一步,消煮。土壤风干样品过 0.25 mm 筛。称取土壤样品 0.5 g,移入干燥的凯氏瓶中,加入 1.5 g 还原性混合催化剂。用注射器加入 4 mL 浓硫酸,放到通风柜内的消煮器上消煮 1.5 h。观察内溶物呈清澈的淡蓝色为止。

第二步,蒸馏。消煮完毕后冷却。准备 2%硼酸溶液 20 mL 作吸收剂。将三角瓶置于冷凝管的承接管下,管口淹没在硼酸溶液中,然后打开冷凝器中的水流进行蒸馏。在整个蒸馏过程中注意观察冷凝管中的水不能中断,当接受液变蓝色后蒸馏 5 min,将冷凝管下端离开硼酸液面,再用蒸馏水将管外部洗干净。

第三步,滴定。用 1%盐酸标准溶液滴定至红色为止。记录所消耗的盐酸标准液体积。

第四步:空白对照实验。除不加试样外其余步骤与前三步完全相同。

第五步,计算。土壤含氮量(%)=$((V-V_0) \times N \times 0.014/W) \times 100$。$V$ 为滴定试样时消耗的盐酸标准溶液体积(mL);V_0 为滴定空白时消耗的盐酸标准溶液体积(mL);N 为盐酸标准溶液的当量浓度;W 为样品重量(g);0.014 为氮的毫克当量。

0~50 cm 土壤水分、有机碳、总氮、容重,为 0~10 cm、10~20 cm、20~30 cm、30~50 cm 土壤层土壤水分、有机碳、总氮、容重平均值之和;0~50 cm 土壤 pH 值和碳氮比,为 0~10 cm、10~20 cm、20~30 cm、30~50 cm 土壤 pH 值和碳氮比的平均值;0~50 cm 土壤温度为 0 cm、0~5 cm、5~10 cm、10~15 cm、15~30 cm 和 30~60 cm 土壤温度的平均值。

2.2.4 其他数据源

（1）数字高程模型数据

数字高程模型（DEM）数据来源于地理空间数据云平台（http：//www.gscloud.cn/sources）提供的 90 m 分辨率中国数字高程模型数据集。该数据由中国 1：250000 等高线和高程点数据、航天飞机雷达地形测绘任务数字高程模型（SRTM DEM）、先进星载热发射和反射辐射仪全球数字高程模型（ASTER GDEM）等数据集整合而成。利用 ENVI 软件合成影像，再用 ArcMap 10.5 对影像进行裁剪。

（2）积雪厚度数据

雪深数据来源于国家青藏高原科学数据中心（http：//data.tpdc.ac.cn/）。该数据集提供逐日的中国范围内的积雪厚度分布数据。积雪厚度单位为厘米，时间跨度为 1978—2015 年，时空分辨率为逐日和 25 km×25 km，经度范围 60～140°E，纬度范围为 15～55°N。由美国国家冰雪数据中心（NSIDC）处理的 SMMR、SMMR1、SSM/12 和 SSMI/S3 数据融合而成（Che et al.，2008）。

（3）人类活动数据

人类活动数据为人类的足迹数据（HFP）（https：//www.nature.com/articles/sdata201667）。该数据代表人类活动对环境的综合影响，是由建筑、人口密度、电力基础设施、农田、牧场、道路、铁路和通航河流 8 个指标生成的全球数据层。该数据空间分辨率 1 km，包括 1993 年和 2009 年两期。HFP 值从 0 到 64，0 代表无人类干扰；HFP 值越高，人类活动强度越大。1993 年和 2009 年两期数据分别代表高寒草甸 1982—1998 年和 1998—2015 年及高寒草原 1982—2001 年和 2001—2015 年的人类活动强度数据，因为这两期数据正好包括在高寒草甸和高寒草原突变前后时段内（Li et al.，2018b）。

2.3　研究方法

2.3.1　BFAST 模型突变检测

BFAST 模型是一种有效的将时间序列迭代分解为季节、趋势和残差组分的算法，该方法可以检测长时间序列数据的变化（Verbesselt et al.，2010a）。残差部分是数据中超出季节和趋势部分的剩余变化（Cleveland et al.，1990）。一般模型可表示为：

$$Y_t = T_t + S_t + e_t (t = 1, \cdots, n) \tag{2.2}$$

式中，Y_t 为 t 时刻的观测数据；T_t 为趋势分量；S_t 为季节分量；e_t 为残差分量；n 为观测数据的总数。

假定 T_t 是一个带有断点 $t_1{}^*,\cdots,t_m{}^*$ 的分段线性函数,定义了 $t_0{}^*=0$;因此,T_t 可以用下式表示:

$$T_t = \alpha_j + \beta_j t \tag{2.3}$$

式中,$j=1,\cdots,m$;$t_{j-1}{}^*<t\leqslant t_j{}^*$;$\alpha_j$ 和 $\beta_j t$ 分别为连续线性模型的截距和变化速率。

通过计算 $t_{j-1}{}^*$ 和 $t_j{}^*$ 之间的 T_t 差,这些变量可用于推导突变的大小和方向。方程式如下:

$$\text{Magnitude} = (\alpha_{j-1}-\alpha_j) + (\beta_{j-1}-\beta_j)t \tag{2.4}$$

S_t 也是一个基于季节性哑变量的分段线性季节模型。这些变量被定义为 $\tau_0{}^*=0$ 和 $\tau_{m+1}{}^*=n$。S_t 表示不同 $p+1(p\geqslant0)$ 段上的分段物候周期,$\tau_1{}^{\#},\cdots,\tau_p{}^{\#}$($\tau_p{}^{\#}=0$,$\tau_{p+1}{}^{\#}=n$),其方程式如下(Narumasa et al.,2013):

$$S_t = \sum_{k=1}^{k}\left[\gamma_{j,k}\sin\left(\frac{2\pi kt}{f}\right)+\theta_{j,k}\cos\left(\frac{2\pi kt}{f}\right)\right](\tau_{i-1}^{\#}<t<\tau_i^{\#}) \tag{2.5}$$

式中,$\gamma_{j,k}$ 和 $\theta_{j,k}$ 表示系数;k 是谐波项的数目;f 是频率。设定 $k=3$ 和 $f=12$ 作为 1 个月时间序列数据的年度观测(Narumasa et al.,2013)。

采用 R 软件中的 BFAST 包进行分析。上述参数均为自动确定。只需要设置一个参数 h,用来决定潜在检测到的断点之间的最小段大小。h 参数的取值会影响 BFAST 方法的精度。如果 h 参数过高,可能会忽略某些突变;如果 h 参数过低,可能会检测出不代表植被实际突变的伪突变。假设相邻突变的最小间隔约为 5 a,因此 h 设置为 6.8。

在执行 BFAST 算法时,选择了谐波模型(harmonic),因为它适合自然植被,而虚拟模型(dummy)通常用于农田(Verbesselt et al.,2010b)。

本书运用 BFAST 模型检测了高寒草甸和高寒草原 1982—2015 年 GIMMS NDVI3g 突变特征。

2.3.2 线性趋势分析

植被时空变化趋势采用一元线性回归的方法分析。回归方程的变化速率(slope)代表年际变化的趋势,用普通最小二乘法(OLS)求解:

$$\text{Slope} = \frac{n\times\sum_{i=1}^{n}(i\times\text{GSNDVI}_i)-\sum_{i=1}^{n}i\times\sum_{i=1}^{n}\text{GSNDVI}_i}{n\times\sum_{i=1}^{n}i^2-\left(\sum_{i=1}^{n}i\right)^2} \tag{2.6}$$

式中,Slope 为生长季 NDVI 年际变化趋势;n 为模拟年数;GSNDVI_i 为第 i 年的生长季 NDVI 值。

正变化速率表示植被指数在增加,而负变化速率表示植被指数在下降(Zhang et al.,2017)。气候要素的变化趋势也用此公式计算。通过 MATLAB R2018b 软件完成。

2.3.3　Mann-Kendall 趋势检验

各要素趋势变化的显著性通过 Mann-Kendall 方法来检测。M-K 非参数检测方法是由世界气象组织推荐的应用于环境数据时间序列趋势分析的方法。该方法不需要样本服从一定的分布,也不受少数异常值的影响,检测范围宽、精度高。计算公式如下:

$$S = \sum_{i=1}^{n-1} \sum_{j=i+1}^{n} \text{Sign}(X_j - X_i) \tag{2.7}$$

$$\theta = X_j - X_i \tag{2.8}$$

其中:

$$\text{Sign}(\theta) = \begin{cases} +1, & \theta > 0 \\ 0, & \theta = 0 \\ -1, & \theta < 0 \end{cases} \tag{2.9}$$

式中,X_j 和 X_i 分别为第 j 和 i 年的相应测量值,且 $j > i$。

方差 S 的计算公式为:

$$\text{Var}(S) = \frac{n(n-1)(2n+5) - \sum_{i=1}^{m} t_i(t_i - 1)(2t_i + 5)}{18} \tag{2.10}$$

式中,n 为标识数据序列的元素个数;t 为标识每组相同数据的个数;m 为组数。

统计值 Z 的计算公式为:

$$Z = \begin{cases} \dfrac{S-1}{\sqrt{\text{Var}(S)}}, & S > 0 \\ 0, & S = 0 \\ \dfrac{S+1}{\sqrt{\text{Var}(S)}}, & S < 0 \end{cases} \tag{2.11}$$

趋势变化情况根据 Z 值判断。Z 的绝对值大于 2.58,1.96 和 1.65 分别表示数据序列在 99%、95% 和 90% 置信水平上发生显著变化。Z 值为正表明趋势增长,Z 值为负表明趋势下降。此步骤通过 MATLAB R2018b 完成。

2.3.4　偏相关分析

偏相关的计算采取主导因子与环境因子逐个分析。因子数量 3 个及以上。在分析 x 与 y 之间的净相关时,当控制了剩余变量集 z 的影响,x 和 y 之间的一阶偏相关系数定义为:

$$r_{xy \cdot z} = \frac{r_{xy} - r_{xz} r_{yz}}{\sqrt{1 - r_{xz}^2} \sqrt{1 - r_{yz}^2}} \tag{2.12}$$

此步骤通过 MATLAB R2018b 完成。

2.3.5　显著性 t 检验

对两个因子存在显著性偏相关检验统计量,采用 t 统计量,定义为:

$$t = \frac{r_{xy \cdot z}\sqrt{n-q-2}}{\sqrt{1-r^2}} \tag{2.13}$$

式中，r 为相关系数；n 为样本数；q 为阶数。

统计量 t 服从 $n-q-2$ 个自由度的 t 分布。通过 t 值，计算出其所对应的概率 p 值。

此步骤通过 MATLAB R2018b 完成。

2.3.6 植被生长速率计算

植被生长速率计算公式如下：

$$\text{GSNDVI}_{\text{ratio}}(i) = \frac{\text{GSNDVI}_{i+1} - \text{GSNDVI}_i}{\text{GSNDVI}_i} \tag{2.14}$$

式中，GSNDVI_i 和 GSNDVI_{i+1} 分别为第 i 和第 $i+1$ 年生长季 NDVI 的值。

2.3.7 主成分分析

主成分分析(PCA)是一种数据降维处理技巧，它能将大量相关变量转化为一组很少的不相关变量，同时尽可能保留初始变量的信息，这些推导所得到的不相关变量称为主成分。它们是观测变量的线性组合。如第一主成分为：

$$\text{PC}_1 = a_1 X_1 + a_2 X_2 + \cdots + a_k X_k \tag{2.15}$$

式(2.15)表示 k 个观测变量 X 的加权组合，对初始变量集的方差解释性最大。第二主成分也是初始变量的线性组合，对方差的解释性排第二，同时与第一主成分成正交(不相关)。后面每一个主成分都最大化它对方差的解释程度，同时与之前所有的主成分都正交。主成分分析包括四个步骤：第一步判断主成分的个数；第二步提取主成分；第三步主成分旋转；第四步获取主成分得分。高寒草甸和高寒草原生境特征对植被特征的影响用 PCA 检验。PCA 通过 R 软件中的 psych 包完成。主成分分析的目的是检验高寒草甸和高寒草原分别由哪些变量来解释。

2.3.8 线性相关分析

主导因素 X 和其他环境因子 Y 的线性相关系数 R，定义如下：

$$R(X,Y) = \frac{1}{N-1}\sum_{i=1}^{N}\left(\frac{X_i - \mu_x}{\sigma_x}\right)\left(\frac{Y_i - \mu_y}{\sigma_y}\right) \tag{2.16}$$

式中，R 为皮尔森相关系数；μ_X 和 σ_X 分别是 X 的均值和标准差；μ_Y 和 σ_Y 分别是 Y 的均值和标准差。

相关系数越接近于 1 或 -1，相关度越强。相关系数越接近于 0，相关度越弱。高寒草甸和高寒草原的植被和生境的相关性采用 Pearson 相关性分析。此步骤通过 R 软件 psych 包完成。线性相关的目的是检验高寒草甸和高寒草原植被要素与生境要素的相关性。表 2.3 为相关性指数的意义解释。

表 2.3　相关性指数的意义解释

相关系数	值域	意义
	0.8～1.0	极强相关
	0.6～0.8	强相关
R	0.4～0.6	中等程度相关
	0.2～0.4	弱相关
	0.0～0.2	极弱相关或无相关

2.3.9　广义加性模型

与多元回归相比,加性模型的自变量与响应变量之间的关系可以为线性,也可以为非线性。一般加性模型中,假定响应变量服从正态分布。而广义加性模型(GAM)的响应变量可以为正态分布,也可以为指数分布、泊松分布、二项分布等。公式为:

$$g(\mu_y)=\beta_0+f_1(X_1)+f_1(X_2)+\cdots+f_n(X_n) \tag{2.17}$$

式中,$f_n(X)$为非参数函数;$g(\mu_y)$代表了响应变量条件均值的函数(指数分布、泊松分布、二项分布等)。

对高寒草甸和高寒草原植被特征和生境特征的关系用 GAM 检验。GAM 通过 R 软件中的 mgcv 包完成。广义加性模型是在主成分分析和相关分析的基础上进行的,旨在对高寒草甸和高寒草原植被要素和生境要素中显著相关变量进行模拟,以确定影响两种草地类型植被的最主要环境因素。

2.3.10　结构方程模型

结构方程模型(SEM)以因果理论为基础,以协方差矩阵为依据来分析变量间的关系,被称为"第二代多元统计方法"。SEM 可以用于中介效应检验、回归分析、路径分析等,同时模拟因子结构与因子关系,评价整个模型的拟合优度。SEM 已广泛应用于社会科学、医学、生态学等学科领域研究(Chen et al.,2013b;Luo et al.,2017)。其基本形式包括观测模型和结构模型两部分。观测模型可以确定潜变量与观测变量之间的关系,结构模型用于估算潜变量之间的关系(王丽萍 等,2019)。

观测模型公式为:

$$\begin{cases} X=\lambda_x\xi+\delta \\ Y=\gamma_y\eta+\varepsilon \end{cases} \tag{2.18}$$

式中,ξ 和 η 分别为外生和内生潜变量;X 和 Y 分别为 ξ 和 η 的观测变量矩阵;λ_x 为因变量与外生潜变量之间的关系;γ_y 为自变量与内生潜变量之间的关系;δ 和 ε 分别为 X 和 Y 的误差项。

结构模型公式为:

$$\eta = \gamma\xi + \beta\eta + \zeta \tag{2.19}$$

式中,γ 为外生潜变量与内生潜变量之间的关系;β 为内生潜变量间的关系;ζ 为结构方程的误差项。

对高寒草甸和高寒草原植被特征和生境特征的关系用 SEM 检验。此步骤通过 Amos 24 软件完成。

第 3 章

青藏高原高寒草甸和高寒草原植被突变特征差异

3.1 高寒草甸和高寒草原 NDVI 突变和渐变

基于 BFAST 模型检测结果显示(图 3.1),1982—2015 年青藏高原高寒草甸和高寒草原的 NDVI 分别在 1998 年和 2001 年发生突变。高寒草原 NDVI 的突变略滞后于高寒草甸。高寒草甸和高寒草原的 NDVI 在突变点之前均呈增加趋势,而在突变点之后,高寒草甸的 NDVI 呈下降趋势,而高寒草原的 NDVI 呈增加趋势。

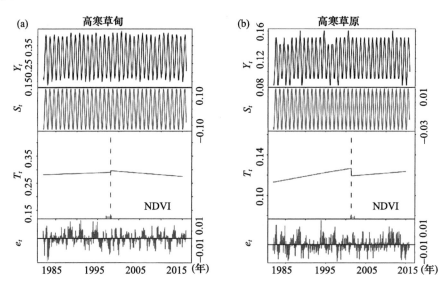

图 3.1 基于 BFAST 模型的高寒草甸和高寒草原 NDVI 突变检测

(Y_t, S_t, T_t 和 e_t 分别表示 NDVI 数据、季节组分、趋势组分和残差组分)

3.2　高寒草甸和高寒草原 NDVI 突变的气候驱动机制

为了揭示高寒草甸和高寒草原 NDVI 突变的气候驱动机制，本书通过 BFAST 模型检测了基于气象数据的高寒草甸和高寒草原气温、降水量、太阳辐射和积雪深度的突变特征。同时将其与气象站器测数据监测的两种草地所在地区的气温、降水量和日照时长突变特征作对比。

图 3.2～图 3.4 是 1982—2015 年基于气象和器测数据的高寒草甸和高寒草原地区气候要素突变结果对比。

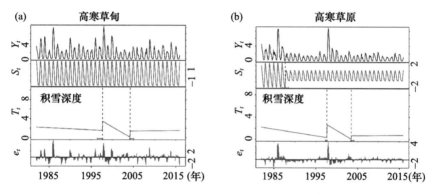

图 3.2　基于 BFAST 模型的高寒草甸和高寒草原积雪深度突变检测

（Y_t，S_t，T_t 和 e_t 分别表示积雪深度数据、季节组分、趋势组分和残差组分）

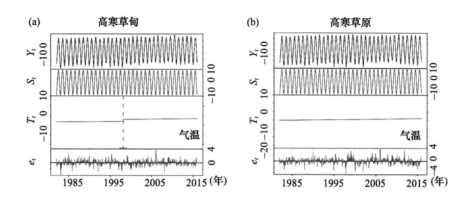

45

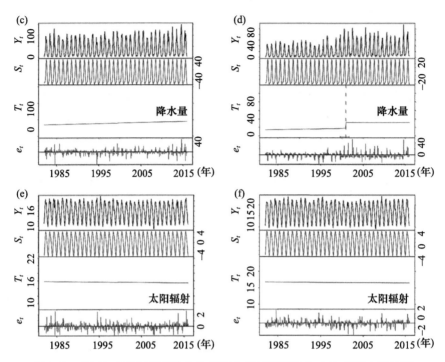

图 3.3　基于气象数据高寒草甸和高寒草原气候要素 BFAST 模型突变检测

（Y_t、S_t、T_t 和 e_t 分别表示降水量数据、季节组分、趋势组分和残差组分）

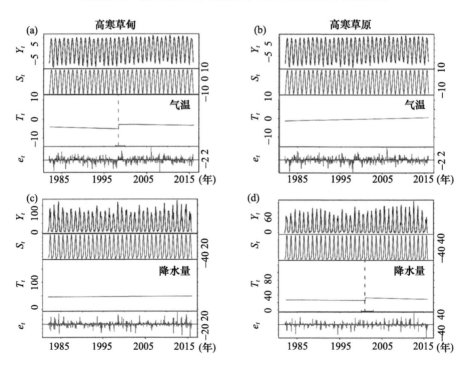

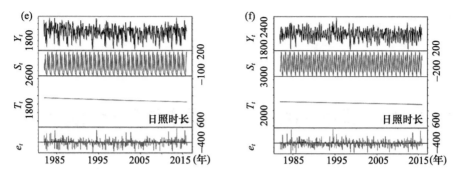

图 3.4 基于气象站器测数据的高寒草甸和高寒草原气候要素 BFAST 模型突变检测

(Y_t, S_t, T_t 和 e_t 分别表示 NDVI 数据、季节组分、趋势组分和残差组分)

高寒草甸和高寒草原的积雪深度均在 1998 年和 2004 年发生突变。基于气象数据和器测数据结果表明高寒草甸的气温在 1998 年发生突变,降水量、太阳辐射和日照时长均未发生突变。基于气象数据和器测数据结果表明高寒草原的气温、太阳辐射和日照时长均未发生突变,但是降水量在 2001 年发生突变。高寒草甸地区气候突变的态势说明 1997—1998 年的厄尔尼诺现象造成青藏高原 1998 年冬季发生的暴雪(Shaman et al.,2005),是该区气温和 NDVI 在 1998 年发生突变的原因。由于高寒草原对降水量更为敏感(Ganjurjav et al.,2016),因此 2001 年降水量发生突变是高寒草原 NDVI 在这一年突变的原因。

3.3 本章小结

本章运用 BFAST 模型检测了 1982—2015 年青藏高原高寒草甸和高寒草原长时间序列的 GIMMS NDVI3g 突变和渐变特征。同时基于气象数据、积雪产品和器测数据研究了 1982—2015 年高寒草甸和高寒草原的气温、降水量、太阳辐射、积雪深度和日照时长的突变特征。

结果表明:1982—2015 年高寒草甸和高寒草原 NDVI 分别在 1998 年和 2001 年发生突变;高寒草甸 NDVI 突变的驱动因素是 1997—1998 年的厄尔尼诺现象造成的 1998 年积雪和气温突变;高寒草原 NDVI 突变是由于 2001 年降水量突变造成的。

第 4 章

青藏高原高寒草甸和高寒草原植被时空演变差异

4.1 高寒草甸和高寒草原生长季 NDVI 空间分布差异

4.1.1 高寒草甸生长季 NDVI 空间分布

1982—2015 年、1982—1998 年和 1998—2015 年高寒草甸生长季 NDVI 的均值分别为 0.38、0.37 和 0.38(图 4.1)。

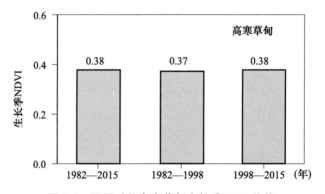

图 4.1 不同时段高寒草甸生长季 NDVI 均值

1982—2015 年、1982—1998 年和 1998—2015 年高寒草甸生长季 NDVI 空间分布呈现差异(图 4.2)。由于高寒草甸呈东北—西南条带状分布,无论是祁连山还是三江源地区生长季 NDVI 空间分布均自东南向西北递减。四川省东北部、北部地区及青海省西南缘高寒草甸生长季 NDVI 均值可达 0.6~0.7,而西藏自治区南部雅鲁藏布江流域高寒草甸生长季 NDVI 的均值仅在 0.1~0.3。

生长季NDVI

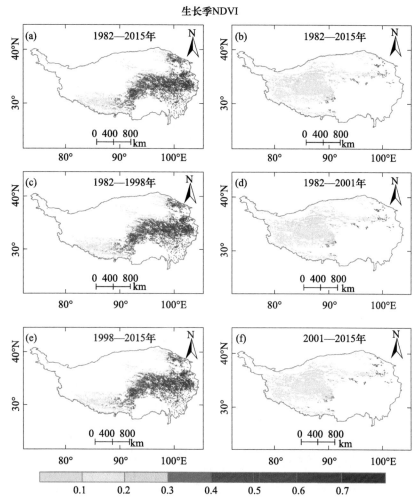

图 4.2　不同时段高寒草甸和高寒草原生长季 NDVI 均值空间分布

（a,c,e 为高寒草甸，b,d,f 为高寒草原）

4.1.2　高寒草原生长季 NDVI 空间分布

1982—2015 年、1982—2001 年及 2001—2015 年高寒草原生长季 NDVI 的均值均为 0.14（图 4.3）。

1982—2015 年、1982—2001 年及 2001—2015 年三个时段高寒草原生长季 NDVI 空间分布格局自东南向西北递减（图 4.2）。柴达木盆地东缘高寒草原生长季 NDVI 的均值可达 0.4～0.5，但只是零星分布。西藏中部及南部地区在 0.1～0.2，西藏北部边缘则低于 0.1。由此可知，高寒草原生长季 NDVI 空间分布差异明显。

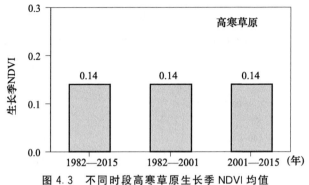

图 4.3　不同时段高寒草原生长季 NDVI 均值

4.2　高寒草甸和高寒草原生长季 NDVI 变化趋势差异

4.2.1　高寒草甸生长季 NDVI 变化趋势

由图 4.4a 可知,整体上高寒草甸生长季 NDVI 在 1982—2015 年增加不明显,变化速率为 $0.0001/a(p=0.33)$;1982—1998 年显著增加,变化速率为 $0.0007/a(p<0.05)$;而 1998—2015 年呈下降趋势,变化速率为 $-0.0006/a(p=0.12)$。

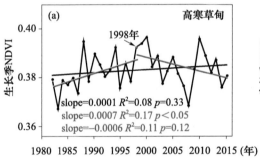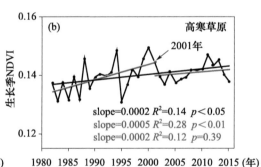

图 4.4　不同时段高寒草甸和高寒草原生长季 NDVI 年际变化

（a 中黑线、蓝线、红线分别为 1982—2015 年、1982—1998 年、1998—2015 年；
b 中黑线、蓝线、红线分别为 1982—2015 年、1982—2001 年、2001—2015 年）

图 4.5 和表 4.1 展示了不同时段高寒草甸生长季 NDVI 变化速率空间分布及变化速率等级像元占比。

空间上 1982—2015 年 62.71% 的高寒草甸生长季 NDVI 呈增加趋势,变化速率在 0～0.002/a 的面积比例为 61.67%,主要分布在青藏高原东北、东部及中部地区,此时段呈下降趋势的面积占高寒草甸总面积的 37.29%,变化速率在 $-0.002～0/a$ 占比 36.63%,主要分布在青藏高原中南、西南和东南地区;1982—1998 年生长季

NDVI 增加的面积占高寒草甸总面积的 77.48%,主要分布在青藏高原东北、东部、西南和东南地区,变化速率大于 0.002/a 的面积比例为 17.36%,主要位于青藏高原东部,该阶段变化速率小于等于 0 的面积占比 22.52%,主要分布在青藏高原中部三江源地区,变化速率在 $-0.002\sim0/a$ 的面积比例为 21.87%;1998—2015 年变化速率大于 0 的面积占比为 38.46%,主要分布在三江源地区、青藏高原东部和东北部地区,变化速率小于等于 0 的面积占比 61.54%,主要位于青藏高原西南、东南地区和中东部,变化速率在 $-0.002\sim0/a$ 的面积占比为 45.66%,小于等于 $-0.002/a$ 的面积占比 15.88%。以上结果表明:空间上,青藏高原高寒草甸生长季 NDVI 在 1982—2015 年和 1982—1998 年均呈现整体增加、局部区域退化的态势,1982—1998 年退化区域主要位于三江源地区;1998—2015 年则整体退化,局部区域增加,退化草地主要分布在青藏高原西南和东南地区。

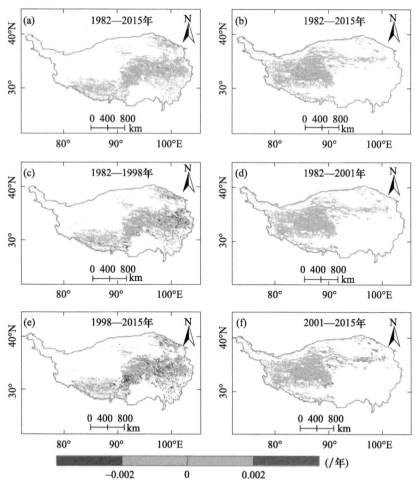

图 4.5   不同时段高寒草甸和高寒草原生长季 NDVI 变化速率空间分布

(a,c,e 为高寒草甸,b,d,f 为高寒草原)

表 4.1　不同时段高寒草甸生长季 NDVI 变化速率等级像元占比

时段	变化速率等级占比			
	≤−0.002(%)	−0.002~0(%)	0~0.002(%)	>0.002(%)
1982—2015 年	0.66	36.63	61.67	1.04
1982—1998 年	0.65	21.87	60.12	17.36
1998—2015 年	15.88	45.66	32.78	5.68

由图 4.6 和表 4.2 可以看出,空间上 1982—2015 年高寒草甸生长季 NDVI 显著增加的面积占比 32.05%($p<0.05$),主要分布在青藏高原东北、三江源北部,此时段显著下降的面积比例为 11.24%($p<0.05$),主要分布在青海省、西藏自治区和四川省交界地带;1982—1998 年高寒草甸生长季 NDVI 显著增加的面积比例为 21.84%($p<0.05$),主要分布在青藏高原东部和雅鲁藏布江流域南部,该阶段显著下降的面积仅占 1.89%($p<0.05$),变化不显著的面积占比为 76.27%,主要分布在三江源地区和青藏高原东北部地区;1998—2015 年高寒草甸生长季 NDVI 显著增加占比 11.27%($p<0.05$),主要分布在青藏高原东北部地区和三江源北部,而此时段显著下降的面积占比 22.09%($p<0.05$),主要位于青藏高原东南和西南地区。

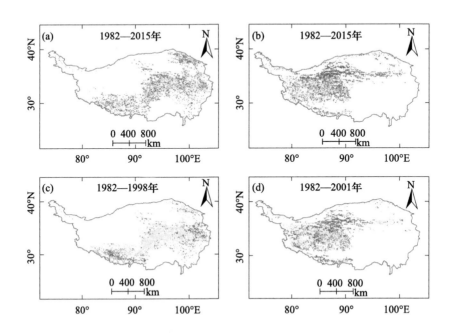

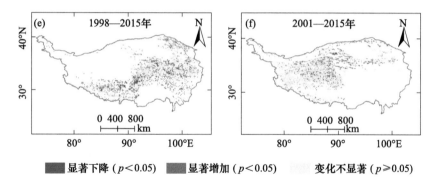

图4.6 不同时段高寒草甸和高寒草原生长季 NDVI 显著变化空间分布

(a,c,e为高寒草甸,b,d,f为高寒草原)

表 4.2 不同时段高寒草甸生长季 NDVI 显著变化像元占比($p<0.05$)

时段	显著下降(%)	显著增加(%)
1982—2015 年	11.24	32.05
1982—1998 年	1.89	21.84
1998—2015 年	22.09	11.27

4.2.2 高寒草原生长季 NDVI 变化趋势

整体上高寒草原生长季 NDVI 在 1982—2015 年、1982—2001 年和 2001—2015 年均呈增加趋势,变化速率分别为 0.0002/a($p<0.05$)、0.0005/a($p<0.01$)和 0.0002/a($p=0.39$)(图 4.4b)。

图 4.5 和表 4.3 展示了不同时段高寒草原生长季 NDVI 变化速率空间分布及变化速率等级像元占比。

1982—2015 年高寒草原生长季 NDVI 空间上增加的面积占比为 72.90%,变化速率在 0～0.002/a 占为 72.42%,主要分布在西藏自治区北部,此时段变化速率小于等于 0 的面积占比为 27.10%,且大部变化速率在 −0.002～0/a,主要位于西藏自治区中部;1982—2001 年高寒草原生长季 NDVI 增加的面积比例为 93.62%,其中 92.54% 变化速率在 0～0.002/a,此时段变化速率下降的面积占比仅 6.38%,且主要位于柴达木盆地边缘地区;2001—2015 年高寒草原生长季 NDVI 增加的面积占比为 66.27%,变化速率位于 0～0.002/a 的面积占比 61.49%,主要位于西藏自治区中东部和北部,此时段下降的面积占比为 33.73%,变化速率在 −0.002～0/a 占比 32.42%,主要位于羌塘高原。以上结果说明:高寒草原植被在 1982—2015 年整体上增加,局部区域退化;1982—2001 年整体上增加;2001—2015 年整体增加,局部退化,退化草地主要发生在羌塘高原。

53

表 4.3　不同时段高寒草原生长季 NDVI 变化速率等级像元占比

时段	变化速率等级占比			
	≤−0.002(%)	−0.002～0(%)	0～0.002(%)	>0.002(%)
1982—2015 年	0.06	27.04	72.42	0.48
1982—2001 年	0.05	6.33	92.54	1.08
2001—2015 年	1.31	32.42	61.49	4.78

图 4.6 和表 4.4 展示了不同时段高寒草原生长季 NDVI 显著变化空间分布及像元占比。

1982—2015 年 43.55％的高寒草原地区生长季 NDVI 显著增加($p<0.05$)，主要分布在青藏高原北部，显著下降的面积占比为 7.73％($p<0.05$)，主要位于西藏自治区中部和西部；1982—2001 年高寒草原生长季 NDVI 显著增加的面积占比45.03％($p<0.05$)，主要位于西藏自治区北部及雅鲁藏布江流域南缘，而变化不显著的面积占比为 54.48％，且主要位于西藏自治区中部、西部；2001—2015 年高寒草原生长季 NDVI 显著增加的面积占比为 22.13％($p<0.05$)，主要位于青藏高原北部局部区域，显著下降占比仅 4.64％($p<0.05$)，变化不显著的面积占比 73.23％，主要分布在西藏自治区。

表 4.4　不同时段高寒草原季节性 NDVI 显著变化像元占比($p<0.05$)

时段	显著下降(%)	显著增加(%)
1982—2015 年	7.73	43.55
1982—2001 年	0.49	45.03
2001—2015 年	4.64	22.13

4.3　本章小结

本章首先对比分析了 1982—2015 年及突变前后三个时段高寒草甸和高寒草原生长季 NDVI 的时空分布差异，其次采用线性回归模型对比研究了不同时段高寒草甸和高寒草原生长季 NDVI 时空变化差异。

(1)不同时段高寒草甸和高寒草原生长季 NDVI 空间分布均自东南向西北递减。

(2)高寒草甸和高寒草原生长季 NDVI 时空变化呈现异质性。1982—2015 年高寒草甸和高寒草原的生长季 NDVI 整体上均呈现增加趋势，变化速率分别为 0.0001/a($p=0.33$)和 0.0002/a($p<0.05$)。突变前高寒草甸和高寒草原生长季 NDVI 整体上均显著增加，变化速率分别为 0.0007/a($p<0.05$)和 0.0005/a($p<0.01$)。突变

后两种草地的生长季 NDVI 变化趋势相反,其中高寒草甸变化速率为$-0.0006/a$($p=0.12$),高寒草原变化速率为 $0.0002/a$($p=0.39$)。空间上 1982—2015 年高寒草甸和高寒草原生长季 NDVI 均呈整体增加、区域下降态势。三江源地区、青藏高原西南和东南地区的高寒草甸地区生长季 NDVI 在突变前后空间上变化趋势相反。空间上高寒草原生长季 NDVI 突变前后均整体增加,局部区域下降,下降区域主要发生在羌塘高原。

第 5 章

青藏高原高寒草甸和高寒草原气候要素时空演变差异

5.1 高寒草甸和高寒草原生长季气候要素空间分布差异

5.1.1 高寒草甸生长季气候要素空间分布

1982—2015 年和突变前后高寒草甸生长季平均气温、降水量和太阳辐射均差异显著（$p < 0.05$）（图 5.1），但 SPEI 差异不显著。生长季平均气温、降水量和 SPEI 最高的时段均为 1998—2015 年，其次是 1982—2015 年，最低的时段是 1982—1998 年。生长季太阳辐射量均值最高的时段是 1982—1998 年，其次是 1998—2015 年，均值最低的时段是 1982—2015 年，其均值分别为 93.46×10^3 W/m²、92.16×10^3 W/m² 和 90.91×10^3 W/m²。

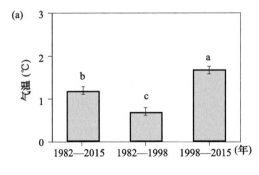
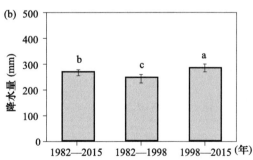

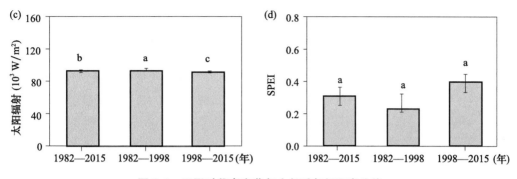

图 5.1　不同时段高寒草甸生长季气候要素均值

　　高寒草甸 1982—2015 年和突变前后生长季的平均气温空间分布均由东南向西北递减（图 5.2）。三个时段青藏高原东北部地区、三江源地区高寒草甸生长季平均气温均小于 0 ℃，而青藏高原东部、东南部和西南地区大部分区域则在 0～4 ℃。

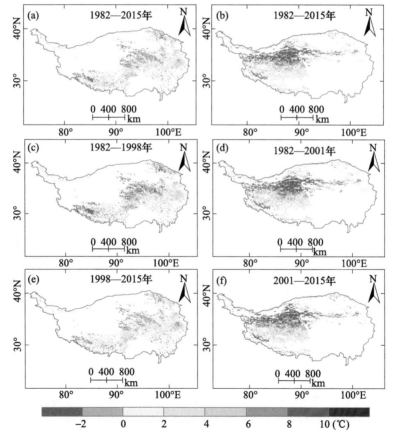

图 5.2　不同时段高寒草甸和高寒草原生长季平均气温空间分布

（a,c,e 为高寒草甸,b,d,f 为高寒草原）

高寒草甸在1982—2015年和突变前后生长季的平均降水量空间分布均由东南向西北递减(图5.3)。1982—2015年、1982—1998年和1998—2015年高寒草甸生长季平均太阳辐射空间分布均由东南向西北递增(图5.4)。

1982—2015年、1982—1998年和1998—2015年高寒草甸生长季平均SPEI空间分布均呈现中部高、周围低的特征(图5.5)。1982—2015年三江源地区最高可超过0.5,而西南地区最低小于0;1982—1998年青藏高原东部高寒草甸生长季平均SPEI最高达0.5,西南地区普遍低于0;1998—2015年大于0.5的区域主要分布在青藏高原中部和中东部。

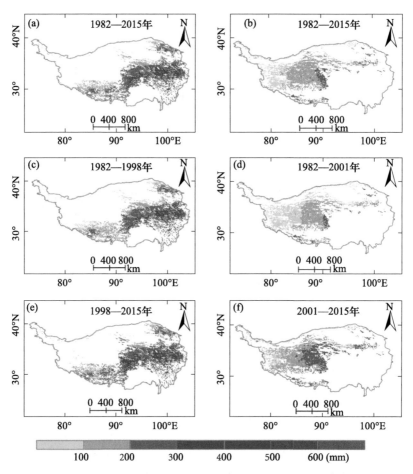

图5.3 不同时段高寒草甸和高寒草原生长季平均降水量空间分布

(a,c,e为高寒草甸,b,d,f为高寒草原)

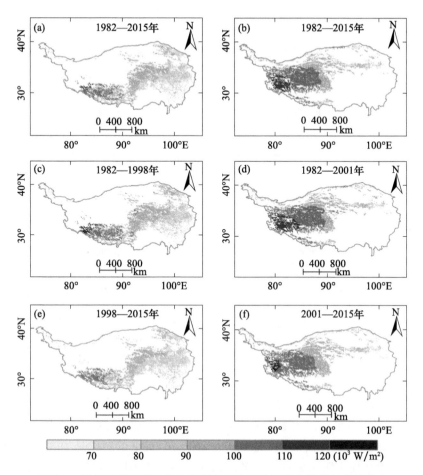

图 5.4　不同时段高寒草甸和高寒草原生长季平均太阳辐射空间分布

（a,c,e 为高寒草甸，b,d,f 为高寒草原）

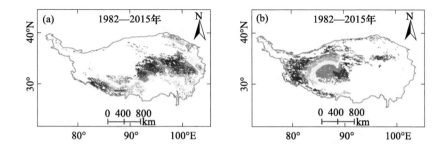

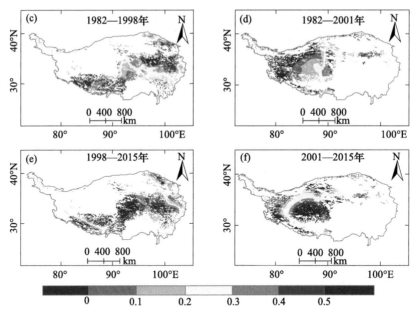

图 5.5　不同时段高寒草甸和高寒草原生长季平均 SPEI 空间分布

（a,c,e 为高寒草甸,b,d,f 为高寒草原）

5.1.2　高寒草原生长季气候要素空间分布

1982—2015 年和突变前后高寒草原生长季平均气温、太阳辐射和 SPEI 均无显著差异(图 5.6),而平均降水量差异显著($p<0.05$)。平均气温、降水量和 SPEI 最高的时段均为 2001—2015 年,其次是 1982—2015 年,最低的时段是 1982—2001 年,高寒草原生长季平均太阳辐射量最高的时段是 1982—2001 年,其次是 1982—2015 年,均值最低的时段是 2001—2015 年,其均值分别为 102.28×10³ W/m²、101.54×10³ W/m² 和 100.40×10³ W/m²。

高寒草原 1982—2015 年和突变前后生长季平均气温空间分布均由东南向西北递减(图 5.2)。西藏自治区北部高寒草原地区生长季平均气温低于 0 ℃。

高寒草原在 1982—2015 年和突变前后生长季的平均降水量空间分布均由东南向西北递减(图 5.3)。1982—2015 年和 1982—2001 年高寒草原生长季平均降水量小于等于 100 mm 区域主要位于西藏自治区西部,西藏自治区北部和中部平均降水量在 100~200 mm。2001—2015 年西藏自治区中部高寒草原生长季平均降水量达 200~300 mm,西藏自治区西部极少数区域平均降水量小于等于 100 mm。

1982—2015 年、1982—2001 年和 2001—2015 年高寒草原生长季平均太阳辐射空间分布均由东北向西南递增(图 5.4)。1982—2015 年和 1982—2001 年西藏自治区西部高寒草原生长季平均太阳辐射量均超过 120×10³ W/m²,西藏自治区中部则达 100×10³~120×10³ W/m²,柴达木盆地周围最低,为 80×10³~90×10³ W/m²。

由图 5.5 可知,1982—2015 年、1982—2001 年和 2001—2015 年高寒草原生长季平均 SPEI 空间分布均由东南向西北递减。1982—2015 年和 1982—2001 年西藏自治区西北部 SPEI 值均小于等于 0,而 2001—2015 年西藏自治区中部平均 SPEI 超过0.5,明显高于 1982—2015 和 1982—2001 年两个时段。

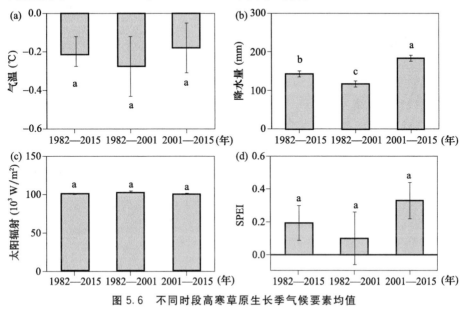

图 5.6　不同时段高寒草原生长季气候要素均值

5.2　高寒草甸和高寒草原生长季气候要素变化趋势差异

5.2.1　高寒草甸生长季气候要素变化趋势

1982—2015 年高寒草甸生长季气温和降水量均显著增加($p<0.001$)(图 5.7),变化速率分别为 0.05 ℃/a 和 1.85 mm/a;太阳辐射显著下降($p<0.01$),变化速率为 $-0.12×10^3$ W/(m^2·a);SPEI 增加不显著,变化速率为 0.01/a($p=0.15$)。1982—1998 年高寒草甸生长季气温显著增加($p<0.05$),变化速率为 0.05 ℃/a;降水量不明显下降;太阳辐射显著下降($p<0.01$),变化速率为 $-0.12×10^3$ W/(m^2·a);SPEI 增加不明显。1998—2015 年高寒草甸生长季气温和太阳辐射增加不显著;降水量显著增加($p<0.05$),变化速率为 2.09 mm/a;SPEI 不明显下降。以上结果表明:1982—2015 年高寒草甸生长季整体趋向暖湿化,生长季气温在突变点以后增长滞缓,降水量、太阳辐射和 SPEI 均在突变点前后呈现相反的变化趋势。

图 5.8 和表 5.1 显示了不同时段高寒草甸生长季气温、降水量、太阳辐射和 SPEI 变化速率空间分布及变化速率等级像元占比。

61

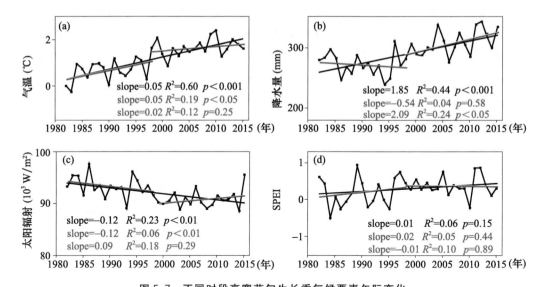

图 5.7　不同时段高寒草甸生长季气候要素年际变化

（黑线、蓝线、红线分别为 1982—2015 年、1982—1998 年、1998—2015 年）

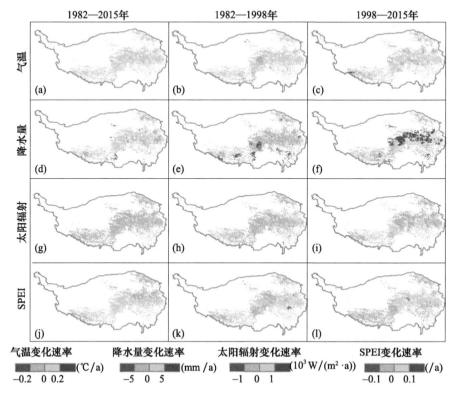

图 5.8　不同时段高寒草甸生长季气候要素变化速率空间分布

表 5.1　不同时段高寒草甸生长季气候要素变化速率等级像元占比

气候要素	变化速率 (/a)	1982—2015 年 (%)	1982—1998 年 (%)	1998—2015 年 (%)
气温	≤−0.2 ℃	0	0	0.80
	−0.2~0 ℃	4.13	8.58	25.33
	0~0.2 ℃	95.86	91.25	73.86
	>0.2 ℃	0.01	0.17	0.01
降水量	≤−5 mm	0.11	4.36	4.76
	−5~0 mm	15.89	57.65	22.63
	0~5 mm	82.32	32.56	52.03
	>5 mm	1.68	5.43	20.58
太阳辐射	≤−1×10³ W/m²	0	0.12	0
	−1×10³~0 W/m²	91.19	66.69	49.00
	0~1×10³ W/m²	8.81	33.19	50.98
	>1×10³ W/m²	0	0	0.02
SPEI	≤−0.1	0	0.08	0.24
	−0.1~0	27.17	29.29	52.34
	0~0.1	72.83	70.14	47.09
	>0.1	0	0.49	0.33

空间上 1982—2015 年 95.86% 的高寒草甸生长季气温呈增加趋势,大部分区域变化速率在 0~0.2 ℃/a;1982—1998 年高寒草甸生长季气温增加的面积占比 91.42%,大部分区域变化速率在 0~0.2 ℃/a,此时段呈下降趋势的面积仅占高寒草甸总面积的 8.58%,且变化速率在 −0.2~0 ℃/a,主要分布在雅鲁藏布江下游和青藏高原中部和东南部局部区域;1998—2015 年高寒草甸生长季气温增加的面积占比为 73.86%,大部分区域变化速率在 0~0.2 ℃/a,呈下降趋势的面积占比 26.13%,变化速率在 −0.2~0 ℃/a 的面积占比为 25.33%。以上结果表明:1982—2015 年高寒草甸生长季整体变暖;1998 年前后生长季整体变暖,局部地区变冷。

空间上 1982—2015 年高寒草甸生长季降水量呈增加趋势的面积占高寒草甸总面积的 84.00%,82.32% 的区域变化速率在 0~5 mm/a,此时段呈下降趋势的面积占比为 16.00%,大部分变化速率在 −5~0 mm/a;1982—1998 年高寒草甸生长季降水量增加的区域占高寒草甸总面积的 37.99%,变化速率在 0~5 mm/a 的面积占比为 32.56%,主要位于青藏高原西南地区,此时段呈下降趋势的面积占比为 62.01%,变化速率在 −5~0 mm/a 的面积占比为 57.65%,主要分布在青藏高原中部、中东部和东北部大部分区域;1998—2015 年 72.61% 的高寒草甸生长季降水量呈增加趋势,主要位于青藏高原中部、中东部及东部,变化速率大于 5 mm/a 的面积占比 20.58%,

此时段呈减少趋势的面积占比 27.39%,主要位于青藏高原西南和东南地区,大部分变化速率在 −5~0 mm/a。以上结果表明:1982—2015 年高寒草甸生长季降水量整体增加;青藏高原西南、东南、中部、东部和东北部地区突变点前后降水量在空间上变化趋势相反。

空间上 1982—2015 年 91.19% 的高寒草甸生长季太阳辐射呈下降趋势,主要分布在青藏高原西南和中部地区,变化速率为 −1×10³~0 W/(m²·a),呈增加趋势的面积占比仅为 8.81%;1982—1998 年 33.19% 的高寒草甸地区生长季太阳辐射呈增加趋势,主要分布在青藏高原东部、三江源地区及雅鲁藏布江中游,变化速率在 0~1×10³ W/(m²·a),呈下降趋势面积占比为 66.81%,主要分布在青藏高原中南部、雅鲁藏布江下游和青藏高原东南地区,变化速率主要在 −1×10³~0 W/(m²·a);1998—2015 年 51.00% 的高寒草甸生长季太阳辐射呈增加趋势,主要位于青藏高原中南部、东南地区和雅鲁藏布江下游,变化速率主要在 0~1×10³ W/(m²·a),呈下降趋势的面积占比为 49.00%,主要分布在三江源地区、青藏高原东部,变化速率在 −1×10³~0 W/(m²·a)。以上结果表明:高寒草甸生长季太阳辐射在 1982—2015 年空间上整体下降,青藏高原西南、东南、东部及中部突变点前后空间上变化趋势相反。

空间上 1982—2015 年 72.83% 的高寒草甸生长季 SPEI 呈增加的趋势,主要分布在青藏高原西南、中部和东南地区,变化速率为 0~0.1/a,呈下降趋势的面积仅占 27.17%,主要分布在青藏高原东北地区和黄河源区,变化速率为 −0.1~0/a;1982—1998 年 70.63% 的高寒草甸生长季 SPEI 呈增加趋势,主要分布在青藏高原东部、中部、东南和西南地区,大部分变化速率在 0~0.1/a,呈下降趋势面积占比为 29.37%,主要分布在三江源局部区域,大部分变化速率在 −0.1~0/a;1998—2015 年高寒草甸生长季 SPEI 呈增加趋势的面积占比 47.42%,主要位于三江源地区和青藏高原东部,变化速率主要在 0~0.1/a,呈下降趋势的面积占比为 52.58%,主要分布在青藏高原西南和东南地区,变化速率主要在 −0.1~0/a。以上结果表明:1982—2015 年高寒草甸生长季整体趋向湿润,局部区域趋向干旱;1998 年前后青藏高原西南、东南和三江源局部区域空间上 SPEI 变化趋势相反。

图 5.9 和表 5.2 为不同时段高寒草甸生长季气温、降水量、太阳辐射和 SPEI 显著变化空间分布及像元占比。

高寒草甸生长季气温在 1982—2015 年显著增加的面积占比为 83.94%;1982—1998 年显著增加的面积占比 41.30%,主要分布在青藏高原东北、东部,58.46% 的区域变化趋势不显著,主要分布在青藏高原中部、东南及西南地区;1998—2015 年显著增加的面积比例为 33.40%,主要分布在雅鲁藏布江下游、三江源地区局部、青藏高原东部及东南部,变化趋势不显著的区域占比 60.01%,主要分布在青藏高原东北部、西南地区及三江源地区局部,显著下降的面积仅占 6.59%。

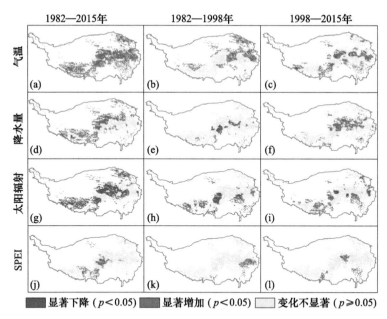

图5.9　不同时段高寒草甸生长季气候要素显著变化空间分布

表5.2　不同时段高寒草生长季气候要素显著变化像元占比

时段	气温		降水量		太阳辐射		SPEI	
	显著下降 (%)	显著增加 (%)	显著下降 (%)	显著增加 (%)	显著下降 (%)	显著增加 (%)	显著下降 (%)	显著增加 (%)
1982—2015 年	0.54	83.94	1.49	46.70	59.06	1.13	0.61	14.45
1982—1998 年	0.24	41.30	9.32	2.75	22.73	7.33	0.07	10.37
1998—2015 年	6.59	33.40	3.67	25.57	9.38	21.86	4.80	3.81

　　高寒草甸生长季降水量在1982—2015年显著增加的面积占比为46.70%,主要分布在青藏高原中部和西南地区,变化不显著的区域占比51.81%,主要分布在青藏高原东南部、东部和三江源地区东南部;在1982—1998年整体变化不显著,面积占比87.93%;在1998—2015年显著增加的面积比例为25.57%,主要分布在三江源地区,变化不显著的面积占比为70.76%,主要分布在青藏高原东北、西南、东南和东部。

　　1982—2015年高寒草甸生长季太阳辐射显著下降的面积占比为59.06%,主要分布在青藏高原中部、东北和西南地区,变化不显著的区域占比39.81%,主要分布在青藏高原东南部和东部;1982—1998年高寒草甸生长季太阳辐射变化不显著面积占比69.94%,显著下降的面积比例为22.73%,主要分布在青藏高原的中部和东南部,显著增加面积仅占7.33%;1998—2015年高寒草甸生长季太阳辐射显著增加的面积比例为21.86%,主要分布在青藏高原东南和雅鲁藏布江下游地区,显著下降的面积占比9.38%,68.76%的区域变化不显著,主要分布在三江源地区、青藏高原中东部及东北和西南局部区域。

1982—2015 年高寒草甸生长季 SPEI 显著增加的面积占比为 14.45％,主要分布在青藏高原中部和雅鲁藏布江下游地区,变化不显著的区域占比 84.94％,主要分布在三江源地区、青藏高原东北、东部、东南部和雅鲁藏布江中游,显著下降的区域极少;1982—1998 年高寒草甸生长季 SPEI 变化不显著面积占比 89.56％,显著增加的面积比例为 10.37％,主要分布在青藏高原东南部;1998—2015 年高寒草甸生长季 SPEI 显著增加的面积比例为 3.81％,主要分布在青藏高原中部局部区域,显著下降的面积占比为 4.80％,主要分布在青藏高原东南部和西南少数区域,91.39％的区域变化不显著。

5.2.2 高寒草原生长季气候要素变化趋势

1982—2015 年高寒草原生长季气温增加不明显,变化速率为 0.01 ℃/a(图 5.10),而降水量则极显著增加,变化速率为 3.32 mm/a($p<0.001$),太阳辐射显著下降,变化速率为 -0.11×10^3 W/(m² · a)($p<0.05$),SPEI 增加不明显;1982—2001 年高寒草原生长季气温和降水量显著增加($p<0.05$),变化速率分别 0.06 ℃/a 和 3.47 mm/a,太阳辐射显著下降,变化速率为 -0.22×10^3 W/(m² · a)($p<0.05$),SPEI 增加不明显;2001—2015 年高寒草原生长季气温和太阳辐射增加不明显,降水量和 SPEI 下降不明显。以上结果表明:1982—2015 年高寒草原生长季气温保持稳定,但降水量增加趋势显著,生长季气温在突变点以后增长滞缓,降水量、太阳辐射和 SPEI 均在突变点前后呈现相反的变化趋势。

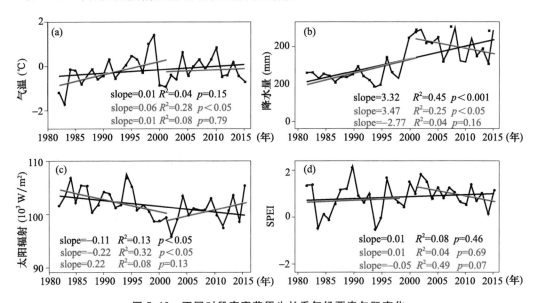

图 5.10　不同时段高寒草原生长季气候要素年际变化

(黑线、蓝线、红线分别为 1982—2015 年、1982—2001 年、2001—2015 年)

图5.11和表5.3显示了不同时段高寒草原生长季气温、降水量、太阳辐射和SPEI变化速率空间分布及变化速率等级像元占比。

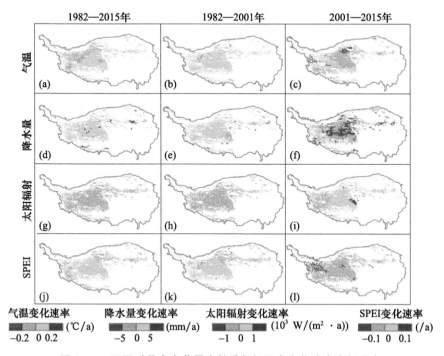

图 5.11　不同时段高寒草原生长季气候要素变化速率空间分布

表 5.3　不同时段高寒草原生长季气候要素变化速率等级像元占比

气候要素	变化速率(/a)	1982—2015 年(%)	1982—2001 年(%)	2001—2015 年(%)
气温	≤−0.2 ℃	0.01	0	3.66
	−0.2~0 ℃	33.54	5.63	46.73
	0~0.2 ℃	66.42	93.90	46.54
	>0.2 ℃	0.03	0.47	3.07
降水量	≤−5 mm	0	0	4.36
	−5~0 mm	1.69	11.18	66.74
	0~5 mm	98.31	88.77	28.20
	>5 mm	0	0.05	0.70
太阳辐射	≤−1×10³ W/m²	0	0	0.12
	−1×10³~0 W/m²	89.44	91.56	27.42
	0~1×10³ W/m²	10.56	8.44	69.77
	>1×10³ W/m²	0	0	2.69

续表

气候要素	变化速率(/a)	1982—2015 年(%)	1982—2001 年(%)	2001—2015 年(%)
SPEI	≤−0.1	0	0.56	11.21
	−0.1～0	27.21	31.29	80.34
	0～0.1	72.79	68.09	8.09
	>0.1	0	0.06	0.36

空间上 1982—2015 年有 66.45% 的高寒草原生长季气温呈增加趋势,大部分变化速率在 0～0.2 ℃/a,主要分布在西藏自治区中部、南部及柴达木盆地周边地区,呈下降趋势的面积占比为 33.55%,且大部分区域变化速率−0.2～0 ℃/a,主要分布在西藏自治区西北部;1982—2001 年高寒草原生长季气温增加的面积占比 94.37%,大部分区域变化速率在 0～0.2 ℃/a,呈下降趋势的面积仅占高寒草原总面积的 5.63%;2001—2015 年高寒草原生长季气温增加的面积占比为 49.61%,变化速率在 0～0.2 ℃/a 的面积占比为 46.54%,主要位于西藏自治区中西部和西部,呈下降趋势的面积占比 50.39%,主要分布在西藏自治区北部,变化速率在−0.2～0 ℃/a 的面积占比为 46.73%。以上结果表明:1982—2015 年青藏高原西北地区高寒草原生长季变冷,其余地区变暖;2001 年前高寒草原生长季整体变暖,2001 年以后西藏自治区北部变冷,西部和中西部变暖。

高寒草原生长季降水量在 1982—2015 年呈增加趋势的面积占高寒草原总面积的 98.31%,变化速率均在 0～5 mm/a;1982—2001 年高寒草原生长季降水量增加的区域占比 88.82%,变化速率在 0～5 mm/a 的面积比例为 88.77%,呈下降趋势的面积占比 11.18%,以柴达木盆地东部边缘居多;2001—2015 年 28.90% 的高寒草原生长季降水量呈增加趋势,主要位于西藏自治区西部和南部,变化速率在 0～5 mm/a 的面积占比 28.20%,呈减少趋势的面积占比 71.10%,主要位于西藏自治区中北、中部,变化速率在−5～0 mm/a 的面积占比 66.74%。以上结果表明:高寒草原生长季降水量在 1982—2015 年和 1982—2001 年空间上整体增加;2001—2015 年降水量整体减少,局部区域增加。

1982—2015 年 89.44% 的高寒草原生长季太阳辐射呈下降趋势,主要分布在西藏自治区和柴达木盆地周边地区,变化速率为−1×10³～0 W/(m²·a),呈增加趋势的面积仅占 10.56%;1982—2001 年 91.56% 的高寒草原生长季太阳辐射呈下降趋势,主要分布在西藏自治区,变化速率在−1×10³～0 W/(m²·a);2001—2015 年高寒草原生长季太阳辐射呈增加趋势的面积占比 72.46%,主要位于西藏自治区中部和北部,变化速率主要在 0～1×10³ W/(m²·a),呈下降趋势的面积占比为 27.54%,主要分布在西藏自治区西部,变化速率主要在−1×10³～0 W/(m²·a)。以上结果表明:高寒草原生长季太阳辐射在 1982—2015 年和 1982—2001 年空间上整体下降,2001—2015 年空间异质性特征明显。

高寒草原生长季 SPEI 在 1982—2015 年呈增加趋势的面积占比 72.79%，主要分布在西藏自治区，变化速率为-0.1~0/a，呈下降趋势的面积占 27.21%，以西藏自治区西南边缘和柴达木盆地东南缘居多；1982—2001 年 31.85% 的高寒草原生长季 SPEI 呈下降趋势，主要分布在柴达木盆地周边地区，变化速率主要在-0.1~0/a，呈增加趋势的面积占比为 68.15%，主要分布在西藏自治区；2001—2015 年 91.55% 的高寒草原生长季 SPEI 呈下降趋势，主要位于西藏自治区，变化速率在-0.1~0/a 占比80.34%，小于等于-0.1/a 的面积占比为 11.21%，主要分布在西藏自治区西北地区。以上结果表明：1982—2015 年和 1982—2001 年高寒草原生长季整体趋向湿润，2001—2015 年整体趋向干旱。

图 5.12 和表 5.4 展示了不同时段高寒草原生长季气温、降水量、太阳辐射和SPEI 显著变化空间分布及像元占比。

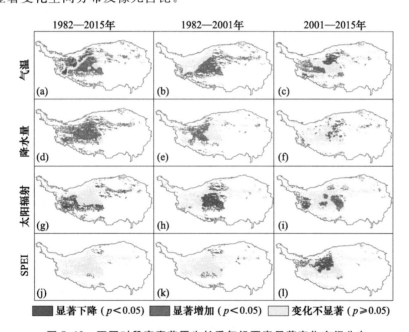

图 5.12　不同时段高寒草原生长季气候要素显著变化空间分布

表 5.4　不同时段高寒草原生长季气候要素显著变化像元占比

时段	气温		降水量		太阳辐射		SPEI	
	显著下降（%）	显著增加（%）	显著下降（%）	显著增加（%）	显著下降（%）	显著增加（%）	显著下降（%）	显著增加（%）
1982—2015 年	21.40	50.92	0.40	87.92	44.45	2.20	2.08	2.60
1982—2001 年	0.01	65.38	1.63	37.06	42.94	1.17	4.60	6.15
2001—2015 年	18.23	24.66	14.11	5.56	10.64	25.35	31.00	0.24

1982—2015 年 50.92％的高寒草原生长季气温呈显著增加趋势,主要分布在西藏自治区中部和中南部,显著下降的区域占比 21.40％,主要分布在青藏高原西北地区;1982—2001 年高寒草原生长季气温显著增加的面积占比 65.38％,主要分布在青海省境内和西藏自治区中部和南部,变化趋势不显著的面积占比为 34.61％,主要分布在青藏高原西北地区;2001—2015 年高寒草原生长季气温显著增加的面积占比为 24.66％,主要分布在西藏自治区西北部,显著下降的面积占比 18.23％,主要分布在西藏自治区北部,变化不显著的面积占高寒草原面积的 57.11％,以西藏自治区南部、中部居多。

高寒草原生长季降水量在 1982—2015 年显著增加的面积占比 87.92％,而 1982—2001 年显著增加的面积占比 37.06％,主要分布在西藏自治区北部和中西部;1982—2001 年变化趋势不显著的面积占比为 61.31％,主要分布在西藏自治区中部和西部及柴达木盆地边缘地区,2001—2015 年变化不显著的面积占比为 80.33％,主要分布在西藏自治区,显著下降的面积占比为 14.11％,主要分布在西藏自治区中部。

1982—2015 年 44.45％的高寒草原生长季太阳辐射显著下降,主要分布在西藏自治区西部、中南部及柴达木盆地周边区域,变化不显著面积占比 53.35％,主要分布在西藏自治区中北部;1982—2001 年高寒草原生长季太阳辐射显著下降的面积占比 42.94％,主要分布在西藏自治区中部,变化不显著的区域占比 55.89％,主要分布在西藏自治区西部、北部及柴达木盆地周边地区;2001—2015 年高寒草原生长季太阳辐射显著增加的面积占比为 25.35％,主要分布在西藏自治区中东部,显著下降的面积占比为 10.64％,主要分布在西藏自治区西部,变化不显著的面积占比为 64.01％,主要分布在西藏自治区中西部和北部。

高寒草原生长季 SPEI 在 1982—2015 年变化不显著面积占比 95.32％;1982—2001 年变化趋势不显著的面积占比为 89.25％,显著增加的面积占比仅 6.15％,主要分布在西藏自治区南部;2001—2015 年显著下降的面积占比 31.00％,主要分布在西藏自治区北部和西北部,变化不显著的面积占比为 68.76％,主要分布在西藏自治区西部、中南部和中部。

5.3 本章小结

本章主要对比研究了不同时段高寒草甸和高寒草原生长季气温、降水量、太阳辐射和 SPEI 的空间分布差异;基于线性回归模型对比分析了不同时段高寒草甸和高寒草原生长季气候要素演变的趋势差异。

(1)不同时段高寒草甸和高寒草原生长季气候要素的空间分布差异明显。1982—2015 年、1982—1998 年和 1998—2015 年高寒草甸生长季气温、降水量、太阳辐射差异显著($p<0.05$)，SPEI无显著差异。1982—2015年、1982—2001年和2001—2015年高寒草原生长季气温、太阳辐射和SPEI无显著差异，但降水量差异显著($p<0.05$)。不同时段高寒草甸和高寒草原生长季气温和降水量空间分布均由东南向西北递减。不同时段高寒草甸生长季太阳辐射由东南向西北递增，而高寒草原生长季太阳辐射由东北向西南递增。

（2）不同时段高寒草甸和高寒草原生长季气候要素演化呈现时空异质性。1982—2015年高寒草甸生长季整体趋向暖湿化，高寒草原气温保持稳定。高寒草甸和高寒草原生长季气温在突变点以后增长滞缓，降水量、太阳辐射和SPEI均在突变点前后呈现相反的变化趋势。突变点前后青藏高原西南和东南高寒草甸地区的降水量、太阳辐射和SPEI空间上变化趋势相反。高寒草原生长季降水量在1982—2015年和1982—2001年空间上整体增加，2001—2015年整体减少，西藏自治区西部和南部呈增加趋势，SPEI空间上整体下降。

第 6 章

青藏高原高寒草甸和高寒草原植被对气候变化的差异响应

6.1 高寒草甸和高寒草原 NDVI 对气候要素响应的滞后效应差异

不同植被类型对气候响应的滞后效应不同(Wu et al.,2015a)。青藏高原植被生长季普遍小于 5 个月,因此本书考虑的滞后效应至多为 2 个月(Li et al.,2018b)。植被对不同的气候要素响应的滞后效应不同,首先选择无滞后的生长季(5—9 月)、滞后 1 个月的生长季(4—8 月)和滞后 2 个月的生长季(3—7 月)作为三种滞后效应的类型来分析。针对每一种草地类型,在控制其余两个气候变量的前提下,计算生长季 NDVI 与每种气候要素的偏相关系数。对于各气候因子,偏相关系数最大的生长季滞后月是评价植被指数对该气候因子响应的最佳时期。

表 6.1 为 1982—2015 年高寒草甸和高寒草原生长季 NDVI 对气温、降水量、太阳辐射和 SPEI 响应的滞后效应分析。高寒草甸和高寒草原生长季 NDVI 对气温和 SPEI 的响应滞后 2 个月,对太阳辐射响应不存在滞后效应,高寒草甸的生长季 NDVI 对降水量无滞后效应,高寒草原的生长季 NDVI 对降水量响应滞后 2 个月。

表 6.1 高寒草甸和高寒草原生长季 NDVI 对气候要素响应的滞后效应

草地类型	滞后效应	偏相关系数			
		NDVI-气温	NDVI-降水量	NDVI-太阳辐射	NDVI-SPEI
高寒草甸	5—9 月/5—9 月	0.42***	**0.75*****	**−0.78*****	0.30***
	5—9 月/4—8 月	0.46***	0.72***	−0.77***	0.37***
	5—9 月/3—7 月	**0.49*****	0.73***	−0.76***	**0.40*****

草地类型	滞后效应	偏相关系数			
		NDVI-气温	NDVI-降水量	NDVI-太阳辐射	NDVI-SPEI
	5—9月/5—9月	0.34***	0.53***	**−0.33*****	0.16***
高寒草原	5—9月/4—8月	0.36***	0.54***	−0.28***	0.27***
	5—9月/3—7月	**0.40*****	**0.57*****	−0.20***	**0.35*****

注:***表示1‰水平显著性,加粗字体表示高寒草甸和高寒草原生长季 NDVI 对气候要素响应的滞后时间。

6.2 高寒草甸和高寒草原 NDVI 对气候要素变化的差异响应

6.2.1 高寒草甸 NDVI 与气候要素偏相关

1982—2015 年和突变点前后高寒草甸生长季 NDVI 与气温、降水量和 SPEI 均呈显著正相关,与太阳辐射呈显著负相关(表 6.2)。三个时段高寒草甸生长季 ND-VI 与太阳辐射相关性最高,其次是降水量。以上结果说明:1982—2015 年、1982—1998 年和 1998—2015 年高寒草甸生长季植被生长主要受太阳辐射和降水量的影响。

表 6.2　不同时段高寒草甸生长季 NDVI 与气候要素的偏相关关系

时段	偏相关系数			
	NDVI-气温	NDVI-降水量	NDVI-太阳辐射	NDVI-SPEI
1982—2015 年	0.49***	0.75***	−0.78***	0.40***
1982—1998 年	0.51***	0.76***	−0.77***	0.40***
1998—2015 年	0.47***	0.71***	−0.78***	0.15***

注:***表示1‰水平显著性。

图 6.1 和表 6.3 为不同时段高寒草甸生长季 NDVI 与气温、降水量、太阳辐射和 SPEI 的偏相关系数空间分布及偏相关系数等级的像元占比情况。

1982—2015 年高寒草甸生长季 NDVI 与气温呈正相关的像元占比 64.01%,其中 58.56% 的像元相关系数在 0~0.5,主要分布在三江源地区,青藏高原东部和东北部地区及雅鲁藏布江中游地区,与气温呈负相关的像元占比 35.99%,大部分相关系数在 −0.5~0,主要分布在雅鲁藏布江下游和青藏高原东南部;与降水量呈正相关的像元占比 54.98%,偏相关系数在 0~0.5 占比 52.31%,主要分布在青藏高原东北和西南地区及三江源地区局部,在 −0.5~0 的像元占比 44.74%,主要分布在青藏高原中东部地区;与太阳辐射偏相关系数在 −0.5~0 的像元占比 52.68%,主要分布在青藏高原东北、中部和西南地区,在0~0.5的像元占比45.69%,主要分布在三江源地区和青藏高原中东部和东部;与SPEI呈正相关的像元比例为70.68%,大部分偏相关系数在0~0.5,主要分布在青藏高原东北、东部、东南、西南和三江源地区,在−0.5~0的像元占比29.06%,主要分布在青藏高原中东部。

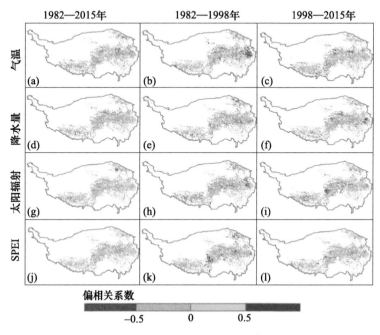

图 6.1　不同时段高寒草甸生长季 NDVI 与气候要素空间偏相关

表 6.3　不同时段高寒草甸生长季 NDVI 与气候要素的偏相关系数等级占比

偏相关变量	时段	偏相关系数占比(%)			
		≤−0.5	−0.5~0	0~0.5	>0.5
NDVI-气温	1982—2015 年	1.06	34.93	58.56	5.45
	1982—1998 年	0.94	29.87	59.36	9.83
	1998—2015 年	2.80	40.95	51.37	4.88
NDVI-降水量	1982—2015 年	0.28	44.74	52.31	2.67
	1982—1998 年	1.56	36.69	56.09	5.66
	1998—2015 年	1.26	36.75	56.27	5.72
NDVI-太阳辐射	1982—2015 年	1.43	52.68	45.69	0.20
	1982—1998 年	3.17	51.85	40.64	4.34
	1998—2015 年	3.94	42.84	48.89	4.33

偏相关变量	时段	偏相关系数占比（%）			
		<−0.5	−0.5~0	0~0.5	>0.5
	1982—2015 年	0.26	29.06	68.99	1.69
NDVI-SPEI	1982—1998 年	1.29	36.28	54.65	7.78
	1998—2015 年	1.03	32.43	62.12	4.42

1982—1998 年高寒草甸生长季 NDVI 与气温呈正相关的像元占比 69.19%，偏相关系数大于 0.5 的像元占 9.83%，主要分布在青藏高原东部，在−0.5~0 的像元占 29.87%；与降水量呈正相关的像元占 61.75%，其中 56.09% 的像元偏相关系数在 0~0.5，主要分布在青藏高原东北、中部和西南地区，偏相关系数在−0.5~0 的像元占 36.69%，主要分布在青藏高原中东部和东南地区；与太阳辐射呈负相关的像元占 55.02%，大部分偏相关系数在−0.5~0，主要分布在青藏高原中部、东北和西南地区，偏相关系数在 0~0.5 的像元占 40.64%，主要分布在青藏高原中东部、东部及西南地区局部；与 SPEI 的偏相关系数在 0~0.5 的面积占高寒草甸总面积的 54.65%，主要分布在青藏高原东北、东部、东南和西藏自治区中东部，偏相关系数在−0.5~0 的像元占比为 36.28%，主要分布在三江源地区和青藏高原西南地区局部。

1998—2015 年高寒草甸生长季 NDVI 与气温呈正相关的像元占比 56.25%，其中 51.37% 的像元偏相关系数在 0~0.5，主要分布在青藏高原东北、东部和三江源地区，在−0.5~0 的像元占比为 40.95%，主要分布在雅鲁藏布江流域；与降水量呈正相关的像元占比 61.99%，偏相关系数在 0~0.5 的像元比例为 56.27%，主要分布在青藏高原东北、西南和三江源地区，偏相关系数大于 0.5 的像元占比 5.72%，多数分布在青藏高原东部，三江源地区也有一小部分，而偏相关系数在−0.5~0 的像元占比 36.75%，主要分布在青海省南部；与太阳辐射呈负相关的像元占比 46.78%，42.84% 偏相关系数在−0.5~0，分布在青藏高原东北、西南和中部局部，呈正相关的像元占比 53.22%，偏相关系数在 0~0.5 像元占比 48.89%，主要分布在三江源地区；与 SPEI 呈正相关的像元占比为 66.54%，主要分布在三江源地区、青藏高原东部、东北、西南和东南地区，呈负相关的像元占 33.46%，主要分布在青藏高原中东部。

图 6.2 和表 6.4 展示了不同时段高寒草甸生长季 NDVI 与气温、降水量、太阳辐射和 SPEI 显著偏相关空间分布及像元占比。

1982—2015 年高寒草甸生长季 NDVI 与气温显著相关的面积占比 32.07%，主要分布在青藏高原东北、西南和三江源地区局部；与降水量呈显著相关的面积占比为 21.25%，主要分布在青藏高原西南地区局部和三江源地区北部；与太阳辐射显著相关的像元占比 15.96%，以青藏高原东北部地区居多；与 SPEI 相关性不显著的像元占 80.54%。

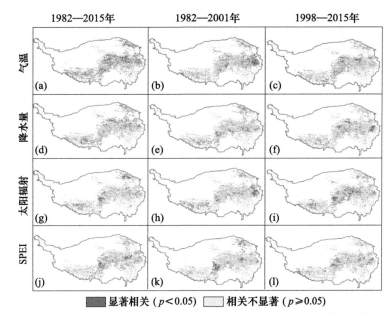

图 6.2 不同时段高寒草甸生长季 NDVI 与气候要素显著偏相关空间格局

表 6.4 不同时段高寒草甸生长季 NDVI 与气候要素的显著偏相关占比

偏相关变量	时段	显著偏相关像元占比(%)
NDVI-气温	1982—2015 年	32.07
	1982—1998 年	17.91
	1998—2015 年	15.34
NDVI-降水量	1982—2015 年	21.25
	1982—1998 年	13.78
	1998—2015 年	14.02
NDVI-太阳辐射	1982—2015 年	15.96
	1982—1998 年	14.26
	1998—2015 年	17.30
NDVI-SPEI	1982—2015 年	19.46
	1982—1998 年	15.15
	1998—2015 年	13.50

1982—1998 年高寒草甸生长季 NDVI 与气温呈显著相关的像元占比 17.91%，主要分布在青藏高原东部；与降水量显著相关的像元占比为 13.78%，零星分布在青藏高原东北和西南地区以及青海省、四川省和西藏自治区交界；与太阳辐射显著相关的像元占 14.26%，主要分布在青藏高原东部；与 SPEI 显著相关的像元占 15.15%，主要分布在青藏高原东北和西藏自治区中东部。

1998—2015 年高寒草甸生长季 NDVI 与气温显著相关的面积占比 15.34%,零星分布在三江源地区和青藏高原西南地区;与降水量显著相关的像元占 14.02%,零星分布在青藏高原东部和三江源地区;与太阳辐射显著相关的像元占比 17.30%,主要分布在三江源地区;与 SPEI 显著相关的像元占 13.50%。

6.2.2 高寒草原 NDVI 与气候要素偏相关

1982—2015 年和突变点前后高寒草原生长季 NDVI 与气温、降水量和 SPEI 均呈显著正相关,与太阳辐射呈显著负相关(表 6.5)。三个时段高寒草原生长季 ND-VI 均与降水量的相关性最高。以上结果说明:1982—2015 年、1982—2001 年和2001—2015 年高寒草原生长季植被生长主要受降水量影响。

表 6.5 不同时段高寒草原季节性 NDVI 与气候要素的偏相关关系

时段	偏相关系数			
	NDVI-气温	NDVI-降水量	NDVI-太阳辐射	NDVI-SPEI
1982—2015 年	0.40***	0.57***	−0.33***	0.35***
1982—2001 年	0.38***	0.43***	−0.21***	0.23**
2001—2015 年	0.43***	0.50***	−0.43***	0.25***

注:*** 和 ** 分别表示 1‰和 1%水平显著性。

图 6.3 和表 6.6 为不同时段高寒草原生长季 NDVI 与气温、降水量、太阳辐射和SPEI 的偏相关关系空间分布及偏相关系数等级的像元统计。

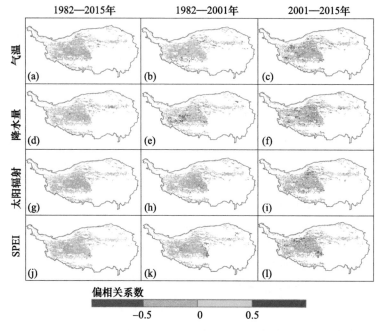

图 6.3 不同时段高寒草原生长季 NDVI 与气候要素空间偏相关

表 6.6　不同时段高寒草原生长季 NDVI 与气候要素的偏相关系数等级占比

偏相关变量	时段	高寒草原生长季偏相关系数占比(%)			
		≤−0.5	−0.5～0	0～0.5	>0.5
NDVI-气温	1982—2015 年	0.48	38.97	58.88	1.67
	1982—2001 年	0.32	24.83	69.66	5.19
	2001—2015 年	3.28	35.86	52.21	8.65
NDVI-降水量	1982—2015 年	0	20.98	75.64	3.38
	1982—2001 年	0.06	14.54	75.21	10.19
	2001—2015 年	5.31	40.64	46.47	7.58
NDVI-太阳辐射	1982—2015 年	0.73	50.98	47.92	0.37
	1982—2001 年	2.03	55.86	41.51	0.60
	2001—2015 年	3.95	40.40	50.28	5.37
NDVI-SPEI	1982—2015 年	0.02	39.71	59.48	0.79
	1982—2001 年	0.35	37.23	58.29	4.13
	2001—2015 年	4.61	42.42	47.46	5.51

　　1982—2015 年高寒草原生长季 NDVI 与气温偏相关系数在 0～0.5 占比 58.88%，主要分布在西藏自治区北部和西南边缘，与气温呈负相关的像元占比 39.45%，大部分相关系数在−0.5～0，主要分布在西藏自治区的中西部和中部；与降水量呈正相关的像元占比 79.02%，绝大部分偏相关系数在 0～0.5，主要分布在西藏自治区，偏相关系数在−0.5～0 的面积占比为 20.98%；与太阳辐射呈负相关的面积比例为 51.71%，偏相关系数在−0.5～0 的像元占比 50.98%，主要分布在西藏自治区中部，而在 0～0.5 的像元占比 47.92%，主要分布在西藏自治区北部；与 SPEI 偏相关系数在 0～0.5 的面积占比为 59.48%，主要分布在西藏自治区中部，在−0.5～0 的像元占比 39.71%，主要分布在西藏自治区西北部。

　　1982—2001 年高寒草原生长季 NDVI 与气温呈正相关的像元占比 74.85%，其中 69.66% 的像元偏相关系数位于 0～0.5，主要分布在西藏自治区中部和北部，而在−0.5～0 的像元占 24.83%，主要分布在西藏自治区中西部；与降水量呈正相关的像元占 85.40%，其中 10.19% 的像元偏相关系数大于 0.5，主要分布在西藏自治区中西部，在−0.5～0 的像元仅占 14.54%；与太阳辐射呈负相关的像元占 57.89%，大部分偏相关系数在−0.5～0，主要分布在西藏自治区中部，在 0～0.5 的像元占 41.51%，主要分布在西藏自治区北部和中西部；与 SPEI 的偏相关系数在 0～0.5 面积占比为 58.29%，主要分布在西藏自治区中部和中北部，在−0.5～0 的面积占比为 37.23%，主要分布在西藏自治区西部。

　　2001—2015 年高寒草原生长季 NDVI 与气温呈正相关面积占比 60.86%，其中 8.65% 的面积偏相关系数大于 0.5，主要分布在西藏自治区西北部，偏相关系数在

－0.5～0的面积占比为35.86%，主要分布在西藏自治区中部；与降水量呈正相关的面积占比54.05%，偏相关系数在0～0.5的面积比例为46.47%，主要分布在西藏自治区中部和中西部，大于0.5的像元占比7.58%，而在－0.5～0的面积占比40.64%，主要分布在西藏自治区北部；与太阳辐射呈负相关的面积占比44.35%，其中40.40%偏相关系数在－0.5～0，主要分布在西藏自治区中南部和西部，呈正相关的面积占比55.65%，偏相关系数在0～0.5面积占比50.28%，主要分布在西藏自治区中部和中北部；与SPEI呈正相关的面积占比为52.97%，主要分布在西藏自治区中南部，呈负相关的面积占47.03%，主要分布在西藏自治区北部和西北部。

图6.4和表6.7展示了不同时段高寒草原生长季NDVI与气温、降水量、太阳辐射、SPEI显著偏相关空间分布及像元占比情况。

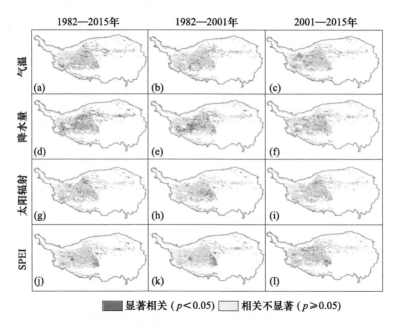

图6.4 不同时段高寒草原生长季NDVI与气候要素显著偏相关空间格局

表6.7 不同时段高寒草原生长季NDVI与气候要素的显著偏相关占比

偏相关变量	时段	显著偏相关像元占比(%)
NDVI-气温	1982—2015 年	18.16
	1982—2001 年	13.71
	2001—2015 年	14.79
NDVI-降水量	1982—2015 年	27.46
	1982—2001 年	24.35
	2001—2015 年	14.98

偏相关变量	时段	显著偏相关像元占比（%）
NDVI-太阳辐射	1982—2015 年	16.08
	1982—2001 年	10.94
	2001—2015 年	11.11
NDVI-SPEI	1982—2015 年	12.74
	1982—2001 年	10.73
	2001—2015 年	12.10

1982—2015 年高寒草原生长季 NDVI 与气温显著相关的面积占比 18.16%；与降水量呈显著相关的面积占比为 27.46%，主要分布在西藏自治区西部、北部和柴达木盆地西南缘；与太阳辐射显著相关的像元占比 16.08%；与 SPEI 显著相关的像元占 12.74%。

1982—2001 年高寒草原生长季 NDVI 与气温呈显著相关的像元占比 13.71%；与降水量显著相关的面积占比为 24.35%，集中分布在西藏自治区中西部；与太阳辐射显著相关的像元占 10.94%；与 SPEI 显著相关的像元占 10.73%。

2001—2015 年高寒草原生长季 NDVI 与气温显著相关的面积占比 14.79%，主要分布在西藏自治区西北部；与降水量显著相关的像元占 14.98%；与太阳辐射显著相关的像元占比 11.11%；与 SPEI 显著相关的像元占 12.10%。

6.3　本章小结

本章运用偏相关分析法探讨了高寒草甸和高寒草原生长季 NDVI 与气温、降水量、太阳辐射和 SPEI 的关系。

（1）不同时段高寒草甸和高寒草原生长季植被变化的影响因素不同。不同时段高寒草甸生长季植被变化主要受太阳辐射和降水量的影响，而高寒草原生长季植被变化主要受降水量的影响。

（2）不同时段高寒草甸和高寒草原生长季 NDVI 与气候要素空间偏相关呈现差异。高寒草甸三江源地区生长季 NDVI 与太阳辐射和 SPEI 突变点前呈负相关，突变点后则呈正相关。不同时段青藏高原西南和东南地区生长季 NDVI 与降水量和 SPEI 呈正相关，与太阳辐射呈负相关。高寒草原 1982—2015 年和 1982—2001 年生长季 NDVI 整体与降水量呈正相关，2001—2015 年西藏自治区中南部生长季 NDVI 与降水量和 SPEI 呈正相关，与太阳辐射呈负相关。

第 7 章

青藏高原高寒草甸和高寒草原生境
对植被的差异影响

7.1 高寒草甸和高寒草原生境特征差异

植被变化可以通过各种生物和非生物要素的相互作用反馈到气候—植被—土壤体系中(Nemani et al. ,2003)。因此,开展生物和非生物要素对比研究对认识高寒草甸和高寒草原对气候变化的差异响应具有重要的意义。本节主要研究土壤理化特征差异。

表 7.1 显示高寒草甸和高寒草原 0 cm、0~5 cm、5~15 cm、15~30 cm 和 30~60 cm 土壤温度差异。

表 7.1 高寒草甸和高寒草原不同深度土壤温度差异

土壤深度(cm)	高寒草甸土壤温度(℃)	高寒草原土壤温度(℃)
0	18.72±0.71 Ba	28.68±0.77 Aa
0~5	14.98±0.53 Bb	23.00±0.55 Ab
5~15	11.92±0.36 Bc	17.04±0.42 Ac
15~30	10.68±0.33 Bd	14.51±0.41 Ad
30~60	9.43±0.39 Be	12.67±0.52 Ae

注:不同大写字母 A 和 B 表示高寒草甸和高寒草原之间土壤温度 5% 水平上的显著性差异,不同小写字母 a,b,c,d 和 e 表示不同土壤层之间土壤温度 5% 水平上的显著性差异。

五个土壤层高寒草原的土壤温度均显著高于高寒草甸,0 cm 土层高寒草原温度比高寒草甸温度高 34.73%,0~5 cm 土层高寒草原的土壤温度比高寒草甸的土壤温度高 34.87%,30~60 cm 土层高寒草原温度比高寒草甸温度高 25.57%。高寒草甸和高寒草原土壤温度随着土壤深度增加均呈现递减的趋势,且各层之间差异显著。高寒草甸 0 cm 土层温度比 0~5 cm、5~15 cm、15~30 cm 和 30~60 cm 土层分别高19.98%、36.32%、42.95% 和 49.63%。高寒草原 0 cm 土层温度比 0~5 cm、5~15 cm、15~30 cm 和 30~60 cm 土层分别高 19.80%、40.59%、49.41% 和 55.82%。以上结果表明:高寒草原的土壤温度大于高寒草甸相同土壤层的土壤温度;随着土壤层深度增加,高寒草原比高寒草甸土壤温度下降的程度大,说明高寒草原土壤温度对土壤深度的响应大于高寒草甸。

表 7.2 显示高寒草甸和高寒草原 0~10 cm、10~20 cm、20~30 cm 和 30~50 cm 土壤体积含水量(θ)、容重(BD)、有机碳(SOC)、总氮(TN)、pH 值和碳氮比(C/N)的差异。

除 30~50 cm 外,高寒草甸各层土壤体积含水量均显著高于高寒草原相对应土壤层的体积含水量。高寒草甸 0~10 cm、10~20 cm 和 20~30 cm 土壤体积含水量分别达 0.28 cm³/cm³、0.23 cm³/cm³ 和 0.21 cm³/cm³,比高寒草原相对应土壤层体积含水量分别高 50.00%、30.43% 和 23.81%。高寒草甸 0~10 cm 土壤体积含水量显著高于其余三个土壤层。高寒草甸 0~10 cm 土壤体积含水量比 10~20 cm、20~30 cm 和 30~50 cm 土壤体积含水量分别高 17.86%、25.00% 和 46.43%。高寒草原 10~20 cm 和 20~30 cm 土壤体积含水量显著高于 0~10 cm 和 30~50 cm。以上结果说明:0~30 cm 高寒草甸比高寒草原的土壤持水力强;30~50 cm 两种生态系统的土壤持水力无显著差异;高寒草甸土壤持水力最强的是表层 0~10 cm,随着土壤深度增加,土壤持水力呈现逐渐下降的趋势;高寒草原土壤持水力最强的是10~30 cm,持水力最差的是 30~50 cm。

就 0~10 cm 和 10~20 cm 而言,高寒草原土壤容重显著大于高寒草甸,而 20~30 cm 和 30~50 cm 高寒草甸和高寒草原土壤容重无显著差异。高寒草原 0~10 cm 和 10~20 cm 土壤容重比高寒草甸相对应土壤层容重分别高 11.67% 和 5.60%。随着土壤深度增加,高寒草甸土壤容重呈现递增的趋势,30~50 cm 土壤容重显著高于0~10 cm 和 10~20 cm 土壤容重。高寒草甸 0~10 cm 土壤容重比 10~20 cm、20~30 cm 和 30~50 cm 三个土壤层分别低 11.32%、17.92% 和 21.70%。高寒草原 0~10 cm 土壤容重显著低于 10~20 cm、20~30 cm 和 30~50 cm,但 10~20 cm、20~30 cm 和 30~50 cm 三个土壤层之间土壤容重几乎相同。以上结果说明:高寒草原0~20 cm 土壤容重大于高寒草甸,而 20 cm 以下土壤容重与高寒草甸无显著差异;高寒草甸和高寒草原土壤容重随土壤深度增加呈现不同的规律,高寒草甸的土壤容重递增,而高寒草原除 0~10 cm 土壤容重偏低,其余土壤层容重无差异。由此可知,土壤深度对高寒草甸土壤容重具有明显的影响,而对高寒草原的土壤容重影响不明显。

表 7.2　高寒草甸和高寒草原不同深度土壤理化性质差异

草地类型	土壤深度 (cm)	土壤水分 (cm³/cm³)	土壤容重 (g/cm³)	土壤有机碳 (g/kg)	土壤总氮 (g/kg)	pH值	土壤碳氮比
高寒草甸	0~10	0.28±0.02 aA	1.06±0.03 cB	35.02±3.34 aA	2.80±0.25 aA	7.96±0.09 bB	12.07±0.28 aA
	10~20	0.23±0.02 bA	1.18±0.03 bB	23.45±2.07 bA	2.09±0.18 bA	8.06±0.08 abB	11.27±0.21 bA
	20~30	0.21±0.01 bA	1.25±0.03 abA	16.55±1.41 cA	1.57±0.13 cA	8.17±0.08 aB	10.62±0.18 cA
	30~50	0.15±0.01 cA	1.29±0.02 aA	11.86±0.94 dA	1.17±0.09 dA	8.28±0.07 aB	10.23±0.19 cA
高寒草原	0~10	0.14±0.01 bB	1.20±0.03 bA	22.30±1.93 aB	2.14±0.19 aB	8.49±0.05 cA	10.75±0.15 aB
	10~20	0.16±0.01 aB	1.25±0.02 aA	17.09±1.44 bB	1.75±0.15 bB	8.57±0.05 bcA	10.30±0.17 abA
	20~30	0.16±0.01 aB	1.25±0.03 aA	13.41±1.13 bcB	1.41±0.12 bcB	8.68±0.04 abA	9.99±0.16 bA
	30~50	0.12±0.08 cA	1.25±0.04 aA	11.38±1.14 cA	1.17±0.11 cA	8.76±0.04 aA	9.97±0.21 bA

注:不同大写字母 A 和 B 表示高寒草甸和高寒草原之间同土壤理化特征 5%水平上显著差异,不同小写字母 a,b,c 和 d 表示不同土壤层之间土壤理化特征 5%水平上的显著差异。

高寒草甸 0～10 cm、10～20 cm 和 20～30 cm 土壤有机碳含量显著高于高寒草原相对应土壤层的有机碳含量,30～50 cm 土壤层高寒草甸和高寒草原的有机碳含量无显著差异。高寒草甸 0～10 cm、10～20 cm 和 20～30 cm 土壤有机碳含量分别达 35.02 g/kg、23.45 g/kg 和 16.55 g/kg,比高寒草原相对应土壤层有机碳含量分别高 36.32%、27.12% 和 18.97%。高寒草甸 0～10 cm、10～20 cm、20～30 cm 和 30～50 cm 四个土壤层之间有机碳含量存在显著差异,随着土壤深度增加,有机碳含量呈现递减的趋势。高寒草甸 0～10 cm 土壤有机碳含量比 10～20 cm、20～30 cm 和 30～50 cm 有机碳含量分别高 33.04%、52.74% 和 66.13%。随着土壤深度增加,高寒草原土壤有机碳含量亦呈现逐渐下降的趋势,0～10 cm 土壤有机碳显著高于其余三个土层的有机碳含量,而 10～20 cm 和 20～30 cm 土壤有机碳含量无差异,20～30 cm 和 30～50 cm 土壤有机碳含量无差异。高寒草原 0～10 cm 有机碳含量比 10～20 cm、20～30 cm 和 30～50 cm 有机碳含量分别高 23.36%、39.87% 和 48.97%。以上结果说明:高寒草甸各层土壤有机碳含量均高于相对应各层高寒草原的土壤有机碳含量,高寒草甸和高寒草原的土壤有机碳含量均随土壤深度的增加而下降;高寒草甸表层 0～10 cm 的土壤有机碳含量高出其余三个土壤层的百分比明显大于高寒草原,说明随着土壤深度增加高寒草甸有机碳下降的速度大于高寒草原有机碳下降速度。因此,高寒草甸土壤有机碳对土壤深度的响应比高寒草原更大。

高寒草甸 0～10 cm、10～20 cm 和 20～30 cm 土壤总氮含量显著高于高寒草原相对应土壤层的总氮含量,30～50 cm 高寒草甸和高寒草原的土壤总氮含量无显著差异。高寒草甸 0～10 cm、10～20 cm 和 20～30 cm 土壤总氮含量分别达 2.80 g/kg、2.09 g/kg 和 1.57 g/kg,比高寒草原相对应土壤层总氮含量分别高 23.57%、16.27% 和 10.19%。高寒草甸 0～10 cm、10～20 cm、20～30 cm 和 30～50 cm 四个土壤层之间总氮含量存在显著差异,随着土壤深度增加,总氮含量呈现递减的趋势。高寒草甸 0～10 cm 土壤总氮含量比 10～20 cm、20～30 cm 和 30～50 cm 总氮含量分别高 25.36%、43.93% 和 58.21%。随着土壤深度增加,高寒草原土壤总氮含量亦呈现逐渐下降的趋势,0～10 cm 土壤总氮显著高于其余三个土层的总氮含量,而 10～20 cm 和 20～30 cm 土壤总氮含量无差异,20～30 cm 和 30～50 cm 土壤总氮含量无差异。高寒草原 0～10 cm 土壤总氮含量比 10～20 cm、20～30 cm 和 30～50 cm 土壤总氮含量分别高 18.22%、34.11% 和 45.33%。以上结果说明:高寒草甸各层土壤总氮含量均高于高寒草原相对应各层的土壤总氮含量,高寒草甸和高寒草原的土壤总氮含量均随土壤深度的增加而下降,高寒草甸表层 0～10 cm 的土壤总氮含量高出其余三个土壤层的百分比明显大于高寒草原 0～10 cm 土壤总氮高出其余三个土壤层的百分比。因此,高寒草甸土壤总氮对土壤深度的响应大于高寒草原。

高寒草原 0～10 cm、10～20 cm、20～30 cm 和 30～50 cm 四个土壤层的 pH 值均显著高于高寒草甸,分别高出 6.24%、5.95%、5.88% 和 5.48%。随着土壤深度增加,高寒草甸土壤 pH 值呈现递增的趋势,0～10 cm 土壤 pH 值比 10～20 cm、20～

30 cm 和 30～50 cm 分别低 1.26％、2.64％和 4.02％。随着土壤深度的增加,高寒草原的 pH 值亦呈现递增的趋势,0～10 cm 土壤 pH 值比 10～20 cm、20～30 cm 和 30～50 cm 分别低 0.94％、2.24％和 3.18％。

高寒草甸 0～10 cm、10～20 cm、20～30 cm 和 30～50 cm 四个土壤层的碳氮比值均高于高寒草原相对应土壤层的碳氮比值,仅 0～10 cm 差异显著($p<0.05$),其余土壤层均无显著差异。随着土壤深度增加,高寒草甸和高寒草原土壤碳氮比值均呈现逐渐下降的趋势。高寒草甸除 20～30 cm 和 30～50 cm 碳氮比值无显著差异外,其余各层之间碳氮比值均呈现出显著差异。高寒草原 0～10 cm 土壤碳氮比值与10～20 cm 土壤碳氮比值无显著差异,而与 20～30 cm 和 30～50 cm 土壤碳氮比值差异显著。随着土壤深度的增加,高寒草甸 0～10 cm 土壤碳氮比值比 10～20 cm、20～30 cm 和 30～50 cm 分别高 6.63％、12.01％和 15.24％。随着土壤深度的增加,高寒草原 0～10 cm 土壤碳氮比值比 10～20 cm、20～30 cm 和 30～50 cm 分别高4.19％、7.07％和 7.26％。

以上分析说明:高寒草甸根系层土壤理化特性优于高寒草原,高寒草原地区的植被更耐旱、耐贫瘠。

7.2 高寒草甸和高寒草原植被特征差异

7.2.1 盖度和高度差异

高寒草甸和高寒草原群落的平均盖度为分别为 58.60％和 39.88％,高寒草甸的群落平均盖度显著大于高寒草原(图 7.1)。高寒草甸和高寒草原群落的平均高度分别为 5.61 cm 和 12.35 cm,高寒草原群落的平均高度显著大于高寒草甸(图 7.2)。

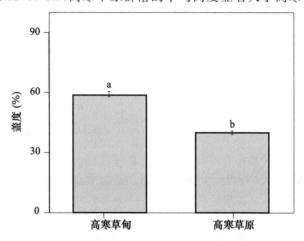

图 7.1 高寒草甸和高寒草原群落盖度差异

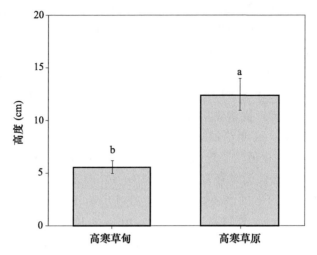

图 7.2 高寒草甸和高寒草原群落高度差异

7.2.2 地上—地下生物量差异

图 7.3 揭示了高寒草甸和高寒草原地上生物量的概率密度分布差异。高寒草甸地上生物量集中在 0～100 g/m²，50～100 g/m² 分布密度最大，350～400 g/m² 分布密度最小。高寒草原地上生物量集中分布在 0～200 g/m²，在 150～200 g/m² 分布密度最大，200～250 g/m² 分布密度最小。

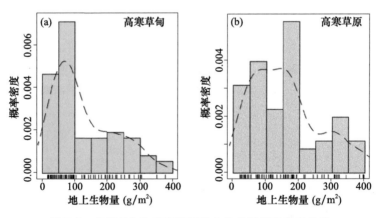

图 7.3 高寒草甸和高寒草原地上生物量概率密度差异

高寒草甸地下生物量在 0～500 g/m² 分布密度最大，高寒草原地下生物量在 0～200 g/m² 分布密度最大（图 7.4）。高寒草甸总生物量在 0～500 g/m² 分布密度最大，其次是 500～1000 g/m²；高寒草原总生物量在 200～400 g/m² 分布密度最大，其次为 600～800 g/m²（图 7.5）。

高寒草甸禾草地上生物量在 0～10 g/m² 分布密度最大；高寒草原禾草地上生物

量在 0～50 g/m² 分布密度最大,其次为 50～150 g/m²(图 7.6)。高寒草甸嵩草地上
生物量在 0～50 g/m² 分布密度最大,高寒草原嵩草地上生物量在 0～20 g/m² 分布密
度最大(图 7.7)。高寒草甸杂类草地上生物量在 0～50 g/m² 分布密度最大,其次为
50～100 g/m²;高寒草原杂类草地上生物量在 0～50 g/m² 分布密度最大,其次为
50～100 g/m²(图 7.8)。

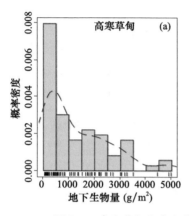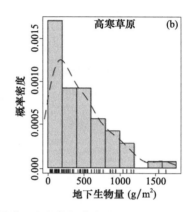

图 7.4 高寒草甸和高寒草原地下生物量概率密度差异

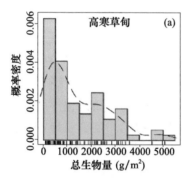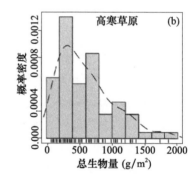

图 7.5 高寒草甸和高寒草原总生物量概率密度差异

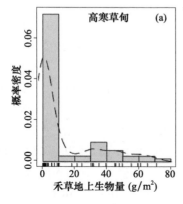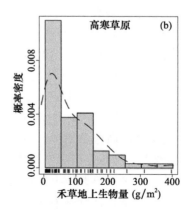

图 7.6 高寒草甸和高寒草原禾草地上生物量概率密度差异

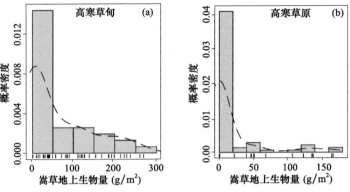

图 7.7　高寒草甸和高寒草原嵩草地上生物量概率密度差异

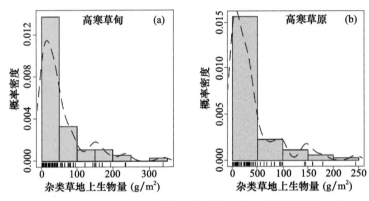

图 7.8　高寒草甸和高寒草原杂类草地上生物量概率密度差异

　　图 7.9 和图 7.10 揭示了高寒草甸和高寒草原地上—地下生物量和功能群地上生物量的差异特征。高寒草甸和高寒草原地上生物量无显著差异,而高寒草甸 0~50 cm 的地下生物量显著大于高寒草原 0~50 cm 地下生物量($p<0.001$)。高寒草甸嵩草地上生物量显著高于禾草和杂类草地上生物量,杂类草地上生物量显著高于禾草地上生物量。高寒草原禾草地上生物量显著高于嵩草和杂类草地上生物量,而杂类草地上生物量显著高于嵩草地上生物量。

　　图 7.11 揭示了高寒草甸和高寒草原 0~10 cm、10~20 cm、20~30 cm 及 30~50 cm 土壤层地下生物量和 0~10 cm、10~20 cm、20~30 cm 及 30~50 cm 土壤层地下生物量占 0~50 cm 总地下生物量比例。就 0~10 cm、10~20 cm、20~30 cm 及 30~50 cm 土壤层地下生物量而言,高寒草甸显著大于高寒草原。0~10 cm 高寒草甸和高寒草原的地下生物量分别为 946.48 g/m^2 和 266.99 g/m^2,高寒草甸 0~10 cm 地下生物量是高寒草原 0~10 cm 地下生物量的 3.55 倍。就 10~20 cm 而言,高寒草甸地下生物量是高寒草原地下生物量的 2.81 倍,就 30~50 cm 而言,高寒草甸地下生物量是高寒草原地下生物量的 1.60 倍。就 0~10 cm 而言,高寒草甸和高寒草原地下生物量占比分别为 69.59% 和 61.26%。0~10 cm 和 10~20 cm 高寒

草甸和高寒草原地下生物量占比无显著差异，而 20～30 cm 和 30～50 cm 高寒草原地下生物量占比显著大于高寒草甸。以上结果说明：高寒草甸拥有庞大的根系生物量，且集中分布于表层 0～10 cm；高寒草原深层根系生物量占比大于高寒草甸。

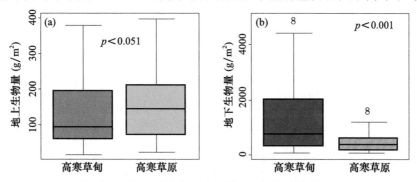

图 7.9　高寒草甸和高寒草原地上—地下生物量差异

（地下生物量为高寒草甸和高寒草原 0～50 cm 土壤层地下生物量）

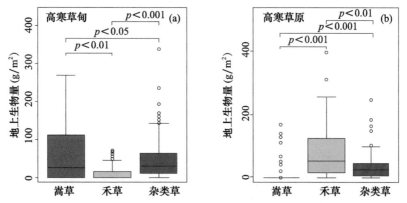

图 7.10　高寒草甸和高寒草原功能群地上生物量差异

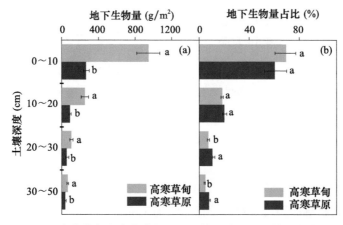

图 7.11　高寒草甸和高寒草原不同土壤层地下生物量及占比差异

（小写字母 a 和 b 表示相同土壤层高寒草甸和高寒草原之间地下生物量及占比差异显著（$p < 0.05$））

7.2.3 根冠比差异

图 7.12 显示,高寒草甸的根冠比均值显著大于高寒草原($p<0.001$)。

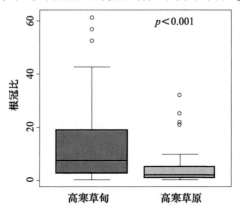

图 7.12 高寒草甸和高寒草原根冠比差异

7.2.4 物种多样性差异

由图 7.13 可知,高寒草甸的物种丰富度、香农多样性指数、辛普森优势度指数和 Pielou 均匀度指数均显著大于高寒草原($p<0.05$)。

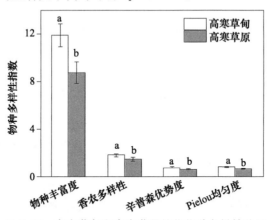

图 7.13 高寒草甸和高寒草原植物物种多样性差异

7.3 高寒草甸和高寒草原生境对植被的差异影响

7.3.1 高寒草甸和高寒草原植被与生境主成分分析

表 7.3 为高寒草甸和高寒草原地形地貌(经度、纬度、海拔、坡度)及土壤要素(土

壤温度、水分、有机碳、总氮、容重、pH 值、碳氮比)的主成分分析。结果显示,高寒草甸第一主成分的方差贡献率为 34%,第二主成分的方差贡献率为 24%,两个主成分的总体方差贡献率达 58%。高寒草原第一主成分的方差贡献率为 37%,第二主成分的方差贡献率为 25%,两个主成分的总体方差贡献率达 62%。

就地形地貌而言,高寒草甸海拔第一主成分方差解释度的绝对值最大,为 0.92,其次为经度(0.87)和纬度(0.67),两个主成分海拔一共解释了 0.86 的方差,其次为经度(0.80)和纬度(0.54),坡度解释了 0.28 的方差。高寒草原经度第一主成分方差解释度绝对值最大,为 0.77,其次为海拔(0.70)和纬度(0.61),第二主成分坡度的方差解释度绝对值最大,为 0.66,其次为经度(0.60),两个主成分的总体方差解释度最大为经度(0.94),其次为海拔(0.77)。

就土壤要素而言,高寒草甸第一主成分土壤水分方差解释度的绝对值最高,为 0.87,其次为土壤总氮(0.75)和土壤温度(0.67),第二主成分土壤容重方差解释度的绝对值最高,为 0.80,其次为 pH 值(0.68),两个主成分总体方差解释度绝对值最高为土壤总氮(0.87),其次为有机碳(0.84)。高寒草原土壤水分方差解释度的绝对值最高,为 0.93,其次为土壤总氮(0.88)、容重(0.87)和有机碳(0.85),第二主成分方差解释度绝对值最高为碳氮比(0.58),其次为 pH 值(0.56),两个主成分总体方差解释度绝对值最大为土壤水分(0.89),其次为总氮(0.78)和土壤容重(0.76)。

表 7.3 高寒草甸和高寒草原地形地貌和土壤要素主成分分析差异

		高寒草甸			高寒草原		
		第一主成分	第二主成分	总体方差贡献率	第一主成分	第二主成分	总体方差贡献率
地形地貌	纬度	0.67	−0.30	0.54	0.61	−0.24	0.56
	经度	0.87	−0.22	0.80	0.77	0.60	0.94
	海拔	−0.92	−0.07	0.86	−0.70	−0.53	0.77
	坡度	0.51	0.16	0.28	−0.14	0.66	0.45
土壤要素	温度	0.67	−0.40	0.61	0.65	0.32	0.53
	水分	0.87	0.09	0.77	0.93	−0.01	0.89
	有机碳	0.65	0.64	0.84	0.85	0.14	0.74
	总氮	0.75	0.55	0.87	0.88	0	0.78
	容重	−0.33	−0.80	0.75	−0.87	−0.01	0.76
	pH 值	0.05	−0.68	0.47	−0.05	−0.56	0.31
	碳氮比	−0.15	0.38	0.17	−0.16	−0.58	0.36
总体方差贡献率		0.34	0.24	0.58	0.37	0.25	0.62

注:土壤温度为表层 0～5 cm,土壤水分、有机碳、总氮、容重、pH 值、碳氮比均为表层土壤 0～10 cm。

以上结果表明:高寒草甸主要由海拔、土壤水分、总氮和土壤有机碳来解释,高寒草原主要由经度、土壤水分、总氮和容重来解释。

7.3.2 高寒草甸和高寒草原植被与生境相关性分析

图 7.14 为高寒草甸地上生物量、地下生物量、物种丰富度和香农多样性与土壤温度、水分、有机碳、总氮、容重、pH 值和碳氮比的相关性。地上生物量与物种丰富度、香农多样性和土壤温度、水分、有机碳及总氮显著正相关($p<0.05$)，与土壤容重、pH 值和碳氮比相关性不显著。地下生物量与物种丰富度和土壤温度呈显著负相关($p<0.05$)，与土壤水分和碳氮比显著正相关($p<0.05$)，与土壤有机碳、总氮、容重、pH 值和香农多样性相关性不显著。物种丰富度与土壤温度、有机碳、总氮和香农多样性显著正相关($p<0.05$)，与 pH 值显著负相关($p<0.05$)，与土壤水分、容重和碳氮比相关性不显著。以上结果说明：高寒草甸地上生物量和物种多样性主要受土壤温度和土壤养分的影响，而地下生物量主要受土壤水热条件的限制。

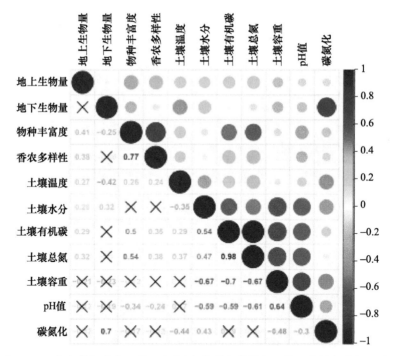

图 7.14　高寒草甸地上一地下生物量、物种多样性与土壤理化特征的相关性

(彩色数字表示相关性系数，×表示相关性不显著；土壤温度为表层 0~5 cm，
土壤水分、有机碳、总氮、容重、pH 值、碳氮比均为表层 0~10 cm)

图 7.15 揭示了高寒草原地上生物量、地下生物量、物种丰富度和香农多样性与土壤温度、水分、有机碳、总氮、容重、pH 值和碳氮比的相关关系。地上生物量与物种丰富度、土壤水分、有机碳、总氮呈显著正相关，与土壤容重和 pH 值显著负相关，与香农多样性、土壤温度和碳氮比相关性不显著。地下生物量与土壤水分、有机碳、

总氮和碳氮比显著正相关,而与物种丰富度、香农多样性、土壤温度、容重和pH值相关性不显著。物种丰富度与香农多样性、土壤水分、有机碳和总氮显著正相关,与pH值显著负相关,与土壤温度、容重和碳氮比相关性不显著。香农多样性与土壤水分显著正相关,与土壤pH值显著负相关,与土壤温度、有机碳、总氮、容重和碳氮比相关性不显著。以上结果说明:高寒草原地上—地下生物量和物种多样性均受到土壤水分和养分的限制,但地上生物量同时还受土壤容重和酸碱度的影响。

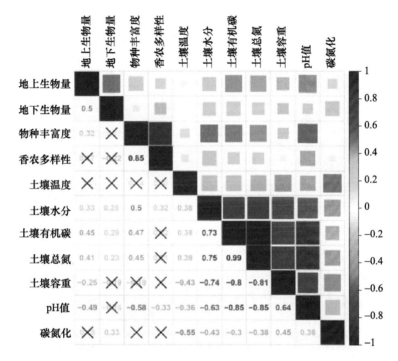

图 7.15 高寒草原地上—地下生物量、物种多样性与土壤理化特征的相关性

(彩色数字表示相关性系数,×表示相关性不显著;土壤温度为表层 0~5 cm,
土壤水分、有机碳、总氮、容重、pH 值、碳氮比均为表层 0~10 cm)

相关分析结果说明,虽然高寒草甸和高寒草原地下生物量都受土壤水分的显著影响,但其程度不一。二者的相关系数分别为 0.32 和 0.28,说明高寒草甸更为敏感。

7.3.3 高寒草甸和高寒草原植被与生境广义加性模型模拟

图 7.16 为高寒草甸地上生物量和物种丰富度与表层土壤 0~5 cm 温度、0~10 cm 有机碳和总氮的广义加性模型模拟。高寒草甸地上生物量与土壤温度呈非线性响应,土壤温度在 5 ℃时地上生物量达最大值。高寒草甸地上生物量与土壤有机碳和总氮呈线性响应,随着土壤有机碳和总氮的增加,地上生物量呈增加的

趋势。高寒草甸物种丰富度与土壤温度、有机碳和总氮均呈非线性响应,土壤温度在 17 ℃时物种丰富度达最大值,有机碳和总氮分别在 80 g/kg 和 7 g/kg 时物种丰富度达最大值。

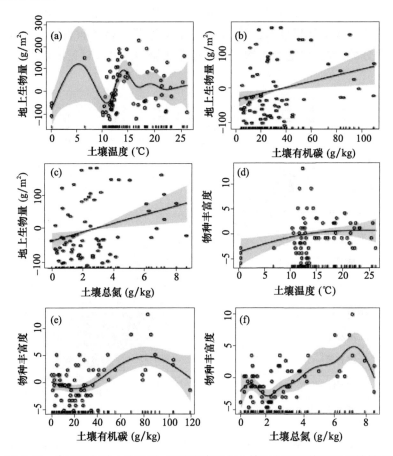

图 7.16　高寒草甸地上生物量、物种丰富度与土壤理化特征的广义加性模型

图 7.17 为高寒草原地上生物量和物种丰富度与表层土壤 0～10 cm 体积含水量、有机碳和总氮的广义加性模型模拟。高寒草原地上生物量和土壤持水力呈非线性响应,土壤持水力在 0.15 cm³/cm³ 时地上生物量达最大值。高寒草原地上生物量与土壤有机碳和总氮呈线性响应,随着土壤有机碳和总氮的增加,地上生物量呈现递增趋势。高寒草原的物种丰富度与土壤持水力和总氮呈线性响应,随着土壤持水力和总氮的增加,物种丰富度呈增加趋势。高寒草原的物种丰富度和土壤有机碳呈非线性响应,土壤有机碳在 39 g/kg 时物种丰富度达最大值。

图 7.18 为高寒草甸和高寒草原 0～10 cm、10～20 cm、20～30 cm 和 30～50 cm 地下生物量与土壤体积含水量的关系。

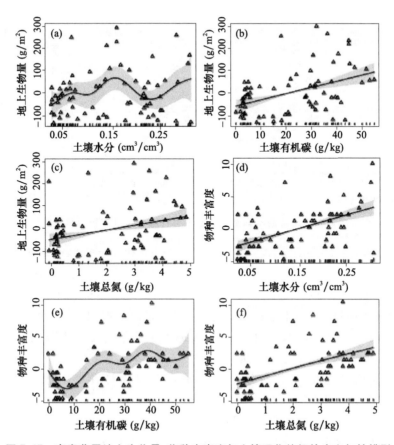

图 7.17 高寒草原地上生物量、物种丰富度与土壤理化特征的广义加性模型

高寒草甸

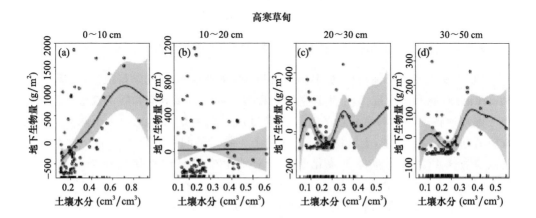

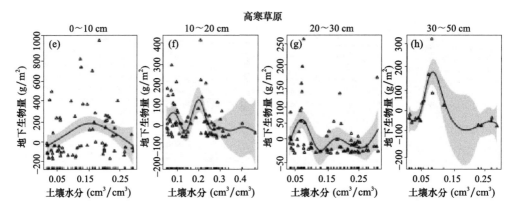

图 7.18　高寒草甸和高寒草原不同土壤层地下生物量与土壤体积含水量的广义加性模型

高寒草甸 $0 \sim 10$ cm 与 $10 \sim 20$ cm、$20 \sim 30$ cm 和 $30 \sim 50$ cm 地下生物量和土壤持水力响应明显不同。高寒草甸 $10 \sim 20$ cm 地下生物量和土壤持水力呈线性响应。$0 \sim 10$ cm 在土壤持水力低于 0.7 cm^3/cm^3 时,高寒草甸地下生物量随着土壤持水力的增加而剧增,当土壤持水力超过 0.7 cm^3/cm^3 时,地下生物量呈现下降的趋势。以上结果说明:高寒草甸 $0 \sim 10$ cm 地下生物量对土壤水分响应更敏感;在 $0 \sim 0.7$ cm^3/cm^3 阈值范围内,土壤持水力对高寒草甸地下生物量呈正效应,大于 0.7 cm^3/cm^3 则呈负效应,这一结果符合高寒草甸优势种高山嵩草中生植被的特征。

高寒草原 $0 \sim 10$ cm 地下生物量比 $10 \sim 20$ cm、$20 \sim 30$ cm 和 $30 \sim 50$ cm 地下生物量对土壤体积含水量的响应更敏感。$0 \sim 10$ cm 土壤持水力达 0.16 cm^3/cm^3 时,高寒草原地下生物量达最大值,土壤持水力低于 0.16 cm^3/cm^3 时,地下生物量呈增加趋势,土壤持水力超过 0.16 cm^3/cm^3 时,地下生物量呈下降趋势。

7.3.4　高寒草甸和高寒草原植被与生境结构方程模型模拟

图 7.19 为高寒草甸土壤物理特征(温度、水分和容重)和化学特征(有机碳、总氮和 pH 值)对地上生物量、地下生物量和物种多样性的直接效应和间接效应。高寒草甸土壤物理特征对物种多样性的直接效应为 0.40($p < 0.05$),对地上生物量的直接效应为 0.26,但不显著,土壤物理特征对地上生物量的间接效应为 0.17($p < 0.05$),总效应为 0.43。高寒草甸土壤化学特征对地上生物量的直接效应为 0.70($p < 0.05$),对地上生物量的间接效应为 0.31($p < 0.05$),对地上生物量的总效应为 1.01($p < 0.05$)。土壤化学特征对地下生物量的直接效应为 -0.42($p < 0.05$),对地下生物量的间接效应为 0.24($p < 0.05$),总效应为 -0.18($p < 0.05$)。

图 7.20 为高寒草原土壤物理特征(温度、水分和容重)和化学特征(有机碳、总氮和 pH 值)对地上生物量、地下生物量和物种多样性的直接效应和间接效应。高寒草

原土壤物理特征对地上生物量的直接效应为 $-0.30(p<0.05)$，对地下生物量的直接效应为 $-0.39(p<0.05)$。土壤化学特征对地上生物量的直接效应为 $0.65(p<0.05)$，对物种多样性的直接效应为 $0.56(p<0.05)$，土壤化学特征对地上生物量的间接效应为 -0.15，总效应为 0.50。高寒草原土壤化学特征对地下生物量的直接效应为 $0.47(p<0.05)$，对地下生物量的间接效应为 $-0.18(p<0.05)$，总效应为 0.29 $(p<0.05)$。

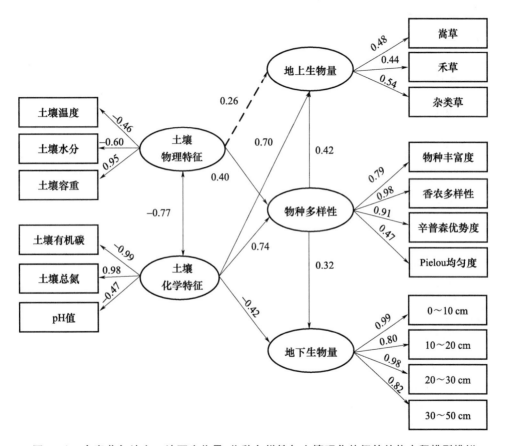

图 7.19 高寒草甸地上—地下生物量、物种多样性与土壤理化特征的结构方程模型模拟

（方框表示观测变量，椭圆表示潜变量，箭头表示相关关系；方框和椭圆之间的箭头表示潜变量抽取观测变量的方差；椭圆之间的实线表示相关系数或路径系数达显著性水平（$p<0.05$），虚线表示相关系数或路径系数不显著；卡方值等于 8.036，均方根误差估计值等于 0.065，拟合指数和调整拟合指数等于 0.786 和 0.621；土壤温度、土壤水分、有机碳、总氮、容重、pH 值、碳氮比均为土壤 $0\sim50$ cm）

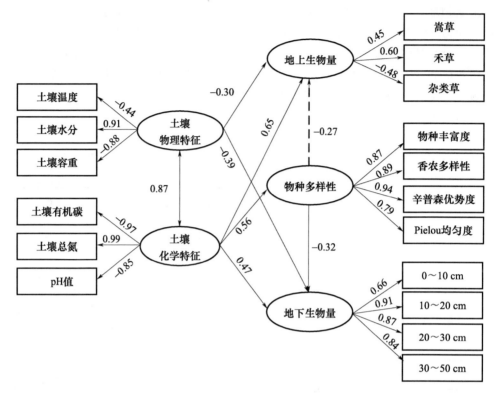

图 7.20 高寒草原地上—地下生物量、物种多样性与土壤理化特征的结构方程模型模

（方框表示观测变量,椭圆表示潜变量,箭头表示相关关系;方框和椭圆之间的箭头表示潜变量抽取观测变量的方差;椭圆之间的实线表示相关系数或路径系数达显著性水平($p<0.05$),虚线表示相关系数或路径系数不显著;卡方值等于 4.125,误差平方根近似值等于 0.051,拟合指数和调整拟合指数等于 0.728 和 0.739;土壤温度、土壤水分、有机碳、总氮、容重、pH 值、碳氮比均为土壤 0～50 cm）

水、热是两个最重要的生态因子,因此通过结构方程模型检测了高寒草甸海拔、经纬度、土壤温度和土壤水分与地上生物量、地下生物量和物种丰富度的关系(图 7.21)。高寒草甸海拔和纬度对土壤温度的直接效应分别为-0.94($p<0.001$)和-0.59($p<0.01$),土壤温度对物种丰富度、地上生物量和地下生物量的直接效应分别为 0.23($p<0.05$)、0.33($p<0.05$)和-0.22($p<0.05$),海拔对物种丰富度的直接效应为-0.76($p<0.001$),海拔通过土壤温度对物种丰富度的间接效应为-0.22($p<0.01$),总效应为-0.98($p<0.01$)。海拔通过土壤温度对高寒草甸地上生物量的间接效应为-0.31($p<0.05$),海拔通过物种丰富度对高寒草甸地上生物量的间接效应为-0.11,海拔通过土壤温度和物种丰富度对高寒草甸地上生物量的总效应为-0.59($p<0.01$)。海拔通过土壤温度对高寒草甸地下生物量的间接效应为 0.21($p<0.05$),海拔通过土壤水分对高寒草甸地下生物量的间接效应为-0.11,海拔通过物种丰富度对地下生物量的间接效应为 0.09。海拔和经度对高寒草甸土

壤水分的直接效应分别为−0.38($p<0.05$)和−0.35($p<0.05$),土壤水分对高寒草甸地下生物量的直接效应为0.29($p<0.05$),海拔通过土壤温度、水分和物种丰富度对高寒草甸地下生物量的总效应为0.48。经度通过土壤水分对高寒草甸地下生物量的间接效应为−0.10($p<0.05$),总效应为−0.41($p<0.05$)。以上结果说明:高寒草甸的地上生物量和物种多样性主要受与海拔相关的土壤温度的影响,地下生物量主要受与海拔和经度相关的土壤水分的限制,物种多样性受海拔影响最明显。

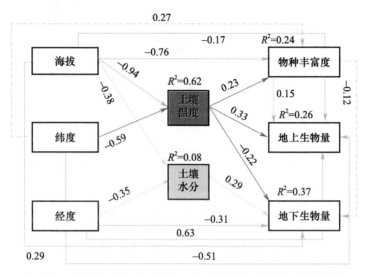

图7.21 高寒草甸地上—地下生物量、物种丰富度与土壤温度、土壤水分及海拔、经纬度的结构方程模型模拟

(红色表示与温度相关,蓝色表示与水分相关,实线表示路径系数达显著性水平,虚线表示路径系数不显著,卡方值等于13.168,误差平方根近似值等于0.062,拟合指数和调整拟合指数等于0.655和0.672;土壤温度为表层0~5 cm,土壤水分和地下生物量为表层土壤0~10 cm)

图7.22为高寒草原海拔、经纬度、土壤温度和土壤水分与地上生物量、地下生物量和物种丰富度的结构方程模型模拟结果。海拔对高寒草原土壤温度的直接效应为−0.60($p<0.01$),土壤温度对高寒草原物种丰富度和地上生物量的直接效应分别为0.20和0.36,海拔通过土壤温度对高寒草原物种丰富度和地上生物量的间接效应分别为−0.12和−0.22。海拔通过物种丰富度对高寒草原地上生物量的间接效应为−0.01,海拔通过土壤温度对高寒草原物种丰富度的总效应为−0.19。海拔通过土壤温度对高寒草原地上生物量的总效应为0.02。经度和纬度对高寒草原土壤水分的直接效应分别为0.35($p<0.05$)和0.52($p<0.01$),土壤水分对高寒草原物种丰富度、地上生物量和地下生物量的直接效应分别为0.83($p<0.001$)、0.36($p<0.05$)和0.44($p<0.01$)。经度通过土壤水分对高寒草原物种丰富度、地上生物量和地下生物量的间接效应分别为0.29($p<0.01$)、0.13($p<0.05$)和0.15($p<0.01$),经度通过土壤水分对物种丰富度、地上生物量和地下生物量的总效应分别为

−0.21($p<0.01$)、−0.14($p<0.05$)和−0.27($p<0.05$)。以上结果说明:高寒草原地上—地下生物量和物种多样性均受到与经纬度相关的土壤水分的影响,尤其是物种多样性受土壤水分影响最明显。

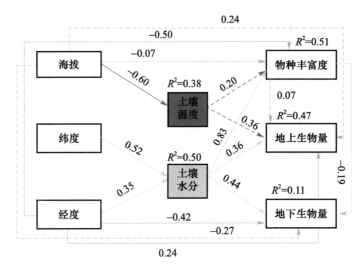

图 7.22　高寒草原地上—地下生物量、物种丰富度与土壤温度、水分及海拔、经纬度的结构方程模型模拟

(红色表示与温度相关,蓝色表示与水分相关,实线表示路径系数达显著性水平,虚线表示路径系数不显著,卡方值等于 5.455,误差平方根近似值等于 0.059,拟合指数和调整拟合指数等于 0.714 和 0.637;土壤温度为表层 0~5 cm,土壤水分和地下生物量为表层土壤 0~10 cm)

7.4　本章小结

本章采用野外调查数据,对比分析了高寒草甸和高寒草原的土壤理化特征差异,包括土壤温度、水分、有机碳、总氮、容重、pH 值和碳氮比特征。对比分析了高寒草甸和高寒草原群落盖度、高度、地上生物量、地下生物量、物种多样性和根冠比特征差异。利用主成分分析法、皮尔森相关性分析法、广义加性模型和结构方程模型探讨了高寒草甸和高寒草原生境对植被生长的差异影响。

(1)高寒草甸和高寒草原的土壤理化特征差异明显。高寒草原的土壤温度大于高寒草甸相同土壤层的土壤温度。0~30 cm 高寒草甸的土壤持水力明显大于高寒草原。高寒草甸和高寒草原表层 0~10 cm 土壤持水力、养分含量均最高。随着海拔梯度增加,高寒草甸的土壤温度、持水力、容重和有机碳均呈逐渐下降趋势,而高寒草原则呈单峰曲线变化模式。

(2)高寒草甸和高寒草原的植被特征差异明显。高寒草甸 0~50 cm 地下生物量、根冠比、物种丰富度、香农多样性均显著大于高寒草原。高寒草甸和高寒草原的地下生物量均集中分布于表层 0~10 cm,高寒草原深层地下生物量占比大于高寒草甸。随着海拔上升,高寒草甸 0~50 cm 地下生物量和嵩草的地上生物量呈单峰曲线变化,高寒草原 0~50 cm 地下生物量和禾草地上生物量呈单峰曲线变化。随着海拔增加,高寒草甸的物种丰富度逐渐下降,高寒草原的物种丰富度呈单峰曲线变化。

(3)高寒草甸和高寒草原生境对植被生长的影响差异明显。高寒草甸主要由海拔、土壤水分、土壤总氮、土壤有机碳来解释,高寒草原主要由经度、土壤水分、土壤总氮和土壤容重来解释。0~10 cm 高寒草甸地下生物量对土壤持水力的敏感程度远远大于高寒草原。高寒草甸的地上生物量和物种多样性主要受与海拔相关的土壤温度的影响,地下生物量主要受与海拔和经度相关的土壤水分的限制,物种多样性受海拔影响最明显。高寒草原地上—地下生物量和物种多样性均受到与经纬度相关的土壤水分的影响,物种多样性受土壤水分影响最明显。

第 8 章

青藏高原高寒草甸与高寒草原对气候变化的差异响应机理

8.1 高寒草甸和高寒草原植被变化的气候驱动机制

前人基于遥感卫星数据研究已经证明,青藏高原气候变化的时空异质性造成了植被变化的时空异质性(Li et al.,2019a,2018b)。在气温增加和降水量增加的区域植被指数呈现增加趋势,而在气温增加和降水量下降的区域植被指数呈下降趋势(Li et al.,2018a)。在此基础上,基于遥感数据进一步发现,青藏高原高寒草甸和高寒草原气候变化时空异质性造成了两种生态系统植被变化时空异质性,但是两种生态系统植被变化的气候驱动机制有所不同。

高寒草甸生长季 NDVI 在突变前显著增加,突变后呈下降趋势。高寒草甸气温在突变后上升速率减慢,降水量和 SPEI 突变前后变化趋势相反。空间上,1982—1998 年青藏高原西南和东南高寒草甸区域气候变暖的背景下,降水量增加,气温和降水的共同作用使 SPEI 增加,该区域生态系统趋向暖湿化,从而有利于植被生长。1982—1998 年三江源地区高寒草甸在气温增加的前提下,降水量减少,气温和降水共同作用导致 SPEI 下降,生态系统趋向暖干化,从而限制了植被的生长。1998—2015 年三江源地区、青藏高原西南和东南地区在气温增加的背景下,降水量的变化趋势与 1982—1998 年相反,气温和降水的共同作用使 SPEI 也呈现与突变前相反的变化趋势,导致这些区域植被变化趋势与突变前相反。这些结果证明,在气候整体变暖的情况下,高寒草甸植被变化的关键是降水如何变化,是否出现生态系统的干旱。由此,高寒草甸植被变化的气候驱动机制可以归结为两种模式(图 8.1):一是温度增加、降水量增加,SPEI 增加,生态系统趋向暖湿化,植被不受干旱胁迫从而呈现增加趋势;二是温度增加、降水量减少,SPEI 下降,生态系统趋向暖干化,植被受到干旱胁迫从而呈现退化态势。

高寒草原生长季 NDVI 在突变前显著增加,突变后增长滞缓。1982—2001 年气温显著增加,2001—2015 年气温上升速率下降。降水量和 SPEI 在 2001 年前后变化趋势相反。空间上,高寒草原的主体区域西藏自治区 1982—2001 年在气候变暖的背景下,降水量增加,SPEI 增加,暖湿的气候条件极大地促进了植被生长。2001—2015 年西藏自治区高寒草原气温增加,但降水量和 SPEI 下降的区域在暖干的气候条件下,植被生长滞缓。这些结果说明,在气候整体变暖的情况下,高寒草原植被变化的关键是降水如何变化,是否出现生态系统的干旱。由此,高寒草原植被变化的气候驱动机制也可以归结为两种模式(图 8.2):一是温度增加、降水量增加,SPEI 增加,生态系统趋向暖湿化,植被不受干旱胁迫从而呈现增加趋势;二是温度增加、降水量减少,SPEI 下降,生态系统趋向暖干化,植被虽然受到干旱胁迫,但仍然保持增长态势。

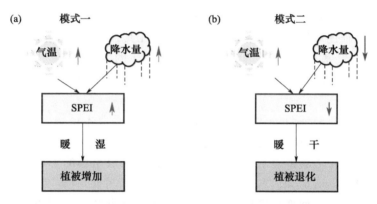

图 8.1　高寒草甸植被变化的气候驱动机制示意图

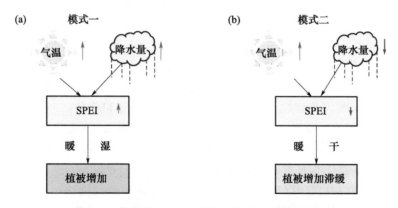

图 8.2　高寒草原植被变化的气候驱动机制示意图

青藏高原植被生长长期以来一直受到低温条件的限制。研究表明,随着气候变暖,降水成为影响高寒草甸和高寒草原植被变化的关键因子。这一结论与前人的研究结论相一致(Sun et al.,2016),同时符合最小定律,随着温度限制的减少,需要更多的降水来支持增加的植被活动(Zhang et al.,2020)。

8.2 高寒草甸和高寒草原植被适应表层土壤干旱的策略差异

通过遥感产品和气象数据研究发现,虽然同样受降水主导,但高寒草甸和高寒草原植被变化的驱动机制有所不同。在第一种情况下两种草地变化的驱动机制是一致的,但在第二种情况下是不同的。两种草地植被在同样面临干旱胁迫的条件下呈现相反的变化趋势。以下将结合野外调查的高寒草甸和高寒草原植被及生境特征的研究结果,来揭示两种草地对气候变化呈现差异响应的机理。

植物的特征能调控植被对环境变化的响应,尤其是在气候变暖的背景下(Klein et al.,2008)。高寒草甸冷湿的生境和高寒草原冷干的生境特征的差异,决定了两种生态系统植物特征的差异,从而决定了两种生态系统对表层土壤干旱的响应及适应策略不同。

前人的研究已经证明,土壤有效利用水分是浅根系草本植物生长的主要限制性因子(Zhao et al.,2010)。基于野外调查和增温控制实验表明,气候变暖降低了青藏高原高寒草地表层土壤的有效利用水分能力,造成表层土壤的干旱,由此对浅根系物种生长不利(Klein et al.,2005;Xue et al.,2017)。另外,气候变暖造成青藏高原高寒草地下伏的永久性冻土退化,冻土活动层增厚,多年冻土上限下移,表层土壤水分向深层迁移,从而导致高寒草地表层土壤干旱(Xue et al.,2014)。

图8.3和图8.4是高寒草甸优势种嵩草和高寒草原优势种禾草对表层土壤0～10 cm干旱胁迫响应示意图。为了适应冷湿的环境条件,高寒草甸优势种高山嵩草产生庞大的根系生物量,且集中分布在表层0～10 cm,而且这种根系的特征是盘结缠绕,在土壤表层形成特殊的0～10 cm的草毡层,极耐畜牧踩踏(Schleuss et al.,2015)。研究发现,高寒草甸这种特殊的草毡层对土壤持水力响应极为脆弱。因这种盘结缠绕的根系多为横向,不能吸收土壤深层的水分和养分,一旦表层0～10 cm土壤持水力下降,土壤变得干旱,就会导致草毡层根系面临死亡胁迫(图8.4)。高山嵩草草甸对表层土壤干旱胁迫的适应策略就是改变群落结构的物种组成,由深根系和直根系的杂草取代高寒草甸优势种高山嵩草(郝爱华 等,2020)。高寒草甸退化以后,其根系整体向深层迁移(郝爱华 等,2020),因为深根系的物种比浅根系物种在获取土壤深层水分和养分方面更具优势(Klein et al.,2008)。高寒草原无草毡层,禾草的根系可以延伸至土壤深层,吸收土壤深层水分,缓解表层土壤干旱对植物产生的胁迫(图8.4)。高寒草原0～10 cm根系对水分的敏感程度远低于高寒草甸,且高寒

草原深层根系生物量分配比例显著大于高寒草甸。基于全球尺度 NDVI 对 SPEI 的响应研究也证明干旱生态系统比湿润生态系统对短期干旱响应的弹性更大(Vicente et al.,2013)。因此,在同样面临干旱胁迫条件下,高寒草甸植被退化,高寒草原植被生长滞缓。

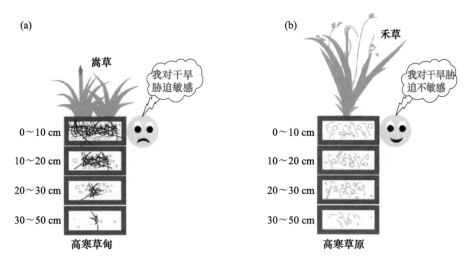

图 8.3　高寒草甸和高寒草原优势种根系对表层土壤干旱胁迫的响应

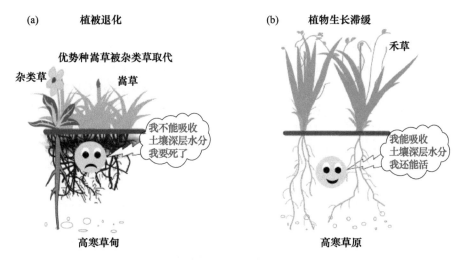

图 8.4　高寒草甸和高寒草原优势种对表层土壤干旱的适应策略

　　总之,高寒草甸和高寒草原物种组成不同,优势种的生态特征不同,造成两种草地对表层 0～10 cm 土壤持水力响应的差异以及适应干旱胁迫的策略不同,从而导致两种生态系统对气候变化呈现差异响应。

8.3 不确定性因素

高寒草甸和高寒草原植被变化的差异还受到一些不确定因素的影响,如遥感数据源、模型结构和参数设置、冻土变化、人类活动。

8.3.1 遥感数据源

前人的研究结果已经证明,不同遥感数据源监测的青藏高原植被动态呈现差异特征(Li et al.,2018a),比如 2000—2006 年基于 GIMMS2g 和 GIMMS3g 监测的青藏高原 NDVI 呈下降趋势,而 MODIS 和 SPOT-VGT NDVI 呈上升趋势(Li et al.,2018a)。此外,同一颗卫星遥感数据的质量也会随着时间或传感器位移的不同而变化。由传感器变化和退化引起的不确定性会影响 GIMMS 和 SPOT NDVI(Tian et al.,2015)。

图 8.5 和图 8.6 为基于 GIMMS3g、MODIS 和 SPOT-VGT 遥感数据源高寒草甸和高寒草原生长季 NDVI 演化趋势和空间格局差异。对比发现 SPOT-VGT ND-VI 显然高估了高寒草甸和高寒草原的植被变化速率(Li et al.,2018b)。SPOT-VGT NDVI 的变化速率更高,主要是由于 2003 年传感器由 VGT-1 向 VGT-2 的转换造成的(Fensholt et al.,2009)。虽然 2001—2015 年 MODIS 和 GIMMS3g 生长季 NDVI 的年际变化趋势不一致,但空间演变格局却高度相似(Shen et al.,2015a)。MODIS 和 GIMMS3g 生长季 NDVI 在青藏高原东北、西南和中部地区高寒草甸的空间演变格局一致。仅仅在青藏高原东部高寒草甸区,MODIS 生长季 NDVI 的空间变化速率大于 GIMMS NDVI3g。高寒草原基于 MODIS 和 GIMMS3g 生长季 NDVI 空间演化格局总体上相一致。这说明 GIMMS NDVI3g 的数据质量是可靠的,该数据已广泛应用于监测非洲(Detsch et al.,2016)、喜马拉雅山区(Murthy et al.,2018)和青藏高原植被对气候变化的响应。

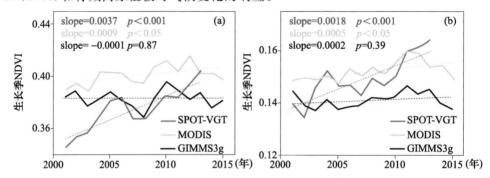

图 8.5 基于 GIMMS3g、MODIS 和 SPOT-VGT 高寒草甸(a)和高寒草原(b)生长季 NDVI 年际变化
(GIMMS3g、MODIS 和 SPOT-VGT 数据时间序列分别为 2001—2015 年、2001—2015 年和 2001—2013 年)

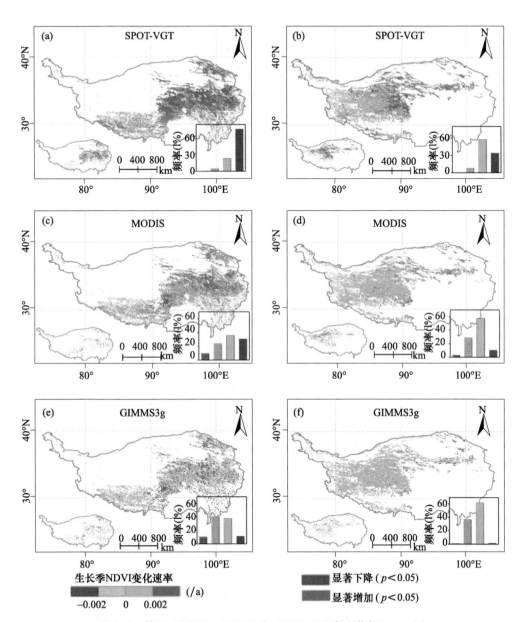

图 8.6　基于 GIMMS3g、MODIS 和 SPOT-VGT 高寒草甸(a、c、e)和
高寒草原(b、d、f)生长季 NDVI 空间演变

(GIMMS3g、MODIS 和 SPOT-VGT 数据时间序列分别为 2001—2015 年、2001—2015 年和 2001—
2013 年;右下角条形图为每个生长季 NDVI 变化速率梯度的像素频率,对应于图底部的颜色编码框;左下
角的插图为生长季 NDVI 变化速率的显著水平($p<0.05$))

8.3.2 模型结构和参数

使用模型模拟草地植被净初级生产力存在很多人为的不确定因素,导致植被变化研究结果存在差异。青藏高原高寒草地 NPP 的模拟多采用 CASA 模型,另外还有气候驱动模型(Xu et al.,2016b)、桑斯维特纪念模型(Li et al.,2016)、陆地生态系统模型(Chen et al.,2014)。这些模型的参数设置和模拟 NPP 的精度均存在差异,进而导致研究结果的差异。比如,采用气候驱动模型模拟的三江源区 NPP 的值比其他模型模拟的值要高 2~4 倍。同样是采用 CASA 模型,而且研究时段相近,有的研究发现 2001—2011 年青藏高原中部和东部高寒草甸主体区域实际 NPP 呈增加趋势,西北地区高寒草原主体区域实际 NPP 呈下降趋势(Chen et al.,2014);而有的研究结果却相反(Wang et al.,2016b)。这与模型处理数据过程中的人为不确定因素有关。除了模型参数之外,气候数据也是模型中一个重要输入变量,青藏高原复杂的地形和气象观测站的不足,也有可能造成研究结果的不确定性。

8.3.3 冻土的变化

具有多年冻土环境的高寒生态系统对气候变化响应非常敏感。气候变暖导致多年冻土温度升高,冻土活动层厚度增加(Wu et al.,2015b),多年冻土退化(Yang et al.,2010)。多年冻土的退化对高寒生态系统具有显著的影响。

已有研究表明,多年冻土退化对高寒草甸和高寒草原的影响存在差异。随着多年冻土退化,高寒草甸土壤表层变粗,容重、孔隙度和饱和导水率上升,土壤持水能力下降,而高寒草原土壤的物理性质变化较小(Wang et al.,2007)。随着冻土活动层厚度的增加,高寒草甸植被覆盖度和生物量显著下降,土壤有机质含量下降,而高寒草原的植被覆盖度和生物量及土壤有机质变化不明显(Wang et al.,2006)。高寒草甸和高寒草原生态系统对冻土变化的差异响应,在某种程度上也是高寒草甸和高寒草原植被变化差异的一个重要影响因素。本书中,2001—2015 年西藏自治区西部高寒草原地区在气温增加、降水量增加、太阳辐射下降的条件下,生态系统仍然受到干旱胁迫,可能与气候变暖引起的多年冻土变化有关。

8.3.4 人类活动

人类活动强度对高寒草甸和高寒草原的影响差异特征明显。人类活动强度大的区域集中分布在青藏高原东部和东南部高寒草甸区域,广大西部、西北部高寒草原则处于无人区(Li et al.,2018a)(图 2.6)。1982—1998 年随着人类活动强度的增加,高寒草甸的生长季 NDVI 递增(图 8.7),这说明在人类活动强度大的区域气候变化对植被的正效应大于人类活动对植被的负效应。这一时段在人类足迹为 0 的区域,比如三江源地区,植被指数下降速率最大,说明气候变化对三江源地区植被生长产生抑制作用。1998—2015 年随着人类活动强度的增加,高寒草甸生长季 NDVI 呈显著的下降趋势,说明人类活动强度对高寒草甸植被生长负效应显著,尤其在青藏高原东南受干旱胁迫的高寒草甸区域,人类活动明显加剧了植被的退化(Li et al.,2018b)。而三江源地区 1998—2015 年植被呈现增加的态势,虽然是受气候因素主导(Xu et al.,2016a),但 2004 年以后三江源地区实施生态保护工程,对植被生长也起到有效的保护作用(Li et al.,2011;Wang et al.,2020b;Zhang et al.,2016)。1982—2011 年随着人类活动强度的增加,高寒草原生长季 NDVI 呈明显的下降趋势,说明人类活动强度对高寒草原植被生长的负效应明显,但 NDVI 的变化速率均为正值,说明气候变化对植被生长的正效应大于人类活动强度对植被生长的负效应。2001—2015 年人类活动强度对高寒草原植被生长无明显的影响。

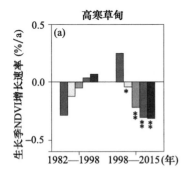
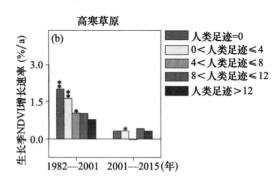

图 8.7　高寒草甸和高寒草原突变前后生长季 NDVI 增长速率与人类足迹的关系

注:＊和＊＊分别表示95%和99%水平上显著性。

放牧是对青藏高原高寒草地生态系统最具破坏性的人类活动方式(Wei et al.,2020)。放牧畜种差异也会导致高寒草甸和高寒草原植被变化的差异。高寒草甸的放牧畜种以牦牛和藏绵羊为主,高寒草原的放牧畜种以藏绵羊和藏山羊为主(Wei et al.,2001;郑度和赵东升,2017)。研究表明单纯放牧绵羊区域植被生物量、草地植物高度和密度明显高于单纯放牧牦牛区域;植物丰富度和香农多样性指数变化相反;单纯放牧绵羊的草地较为松软,透气透水性高,且 0～10 cm、0～20 cm 和 0～30 cm 土壤速效钾、速效氮、速效磷、全氮、全磷、有机质均高于单纯放牧牦牛的草地(鱼小军,2010)。放牧牦牛的草地比放牧绵羊的草地更容易退化,其原因如下。一是食性差异,牦牛对低矮植株选择舔食,绵羊很少舔食。植物种子大多在地表富集,舔食使牦牛吃进消化道的种子量比绵羊大得多。二是践踏强度不同,牦牛和绵羊体重差别大,牦牛对地表植被践踏更严重,造成土壤容重增大,土壤透气、透水性降低,影响植物根系发育。三是牦牛粪被作为燃料捡拾,很少留在草地上,绵羊粪大多留在草地上,因而放牧绵羊的草地土壤养分较高,而放牧牦牛的草地养分长期亏损(Wang et al.,2016)。四是放牧牦牛的草地鼠兔种群数量和鼠兔洞穴密度均大于放牧绵羊的草地(Li et al.,2019a)。

自 20 世纪 80 年代以来,中国实施了一系列的生态保护项目,旨在改善日益恶化的生态环境。2005年,中国启动了退牧还草、退耕还林和生态恶化土地治理等22个生态保护工程项目(邵全琴 等,2017)。这些项目包括长江中上游防护林系统工程和青海三江源生态保护与建设第一和第二阶段性规划,另外在祁连山地区和雅鲁藏布江流域也开展一系列生态保护项目和工程建设(张镱锂 等,2013),总体改善了这些区域的生态与环境状况,一定程度上对项目实施区域的植被恢复起到了积极作用(Geng et al.,2019)。这些生态工程的实施对高寒草甸和高寒草原植被发展过程的影响也存在不确定性因素。

近年来,大量的自然保护区设立及交通条件改善极大地促进了青藏高原旅游业的发展。青藏高原已成为中国最受欢迎的旅游目的地之一,旅游业在其经济发展中发挥着重要作用,2007—2016年青海省和西藏自治区旅游业收入迅猛增加(Wang et al.,2017a)。自然生态系统在旅游区的发展中起着至关重要的作用,由于青藏高原特殊的地理环境所具有的独特的自然吸引力,自然旅游被认为是青藏高原最具吸引力的旅游类型。青藏高原的主要自然景观包括湿地、冰川、植被和野生动物。此外,藏族、羌族、彝族等少数民族创造的文化景观是青藏高原旅游的另一个重要元素(Wang et al.,2017a)。旅游业的发展也是影响高寒草甸和高寒草原植被发展的另一个不确定性因素。

8.4　本章小结

从遥感和气象数据的研究结果来看,高寒草甸和高寒草原对气候变化的差异响应主要表现在突变以后。在同样面临干旱胁迫的条件下,高寒草甸植被退化而高寒草原的植被仍在增加。结合野外调查结果,发现造成高寒草甸和高寒草原对气候变化的差异响应的机理是:高寒草甸冷湿的生境决定了其优势种高山嵩草拥有庞大的根系生物量,在土壤表层形成了特殊的0~10 cm草毡层,对表层0~10 cm土壤持水力响应极其敏感,并且盘根错节的根系不利伸展,不能吸收土壤深层的水分,在干旱胁迫条件下,根系面临死亡;高寒草原优势种禾草不具有草毡层,对表层0~10 cm土壤持水力响应不敏感,且根系具有延展性的特征,能够吸收土壤深层水分,缓解表层土壤干旱。因此在干旱胁迫条件下,禾草仍然能够生长。高寒草甸和高寒草原植被对气候变化的差异响应机理主要表现在其根系的构建和深度不同。

另外,遥感数据源、模型结构和参数、冻土的变化和人类活动的影响也会造成高寒草甸和高寒草原植被变化研究结果的差异。

第 9 章

结论与展望

9.1　主要结论

本书以青藏高原典型草地高寒草甸和高寒草原为研究对象,利用遥感产品 GIMMS NDVI3g、气象数据,分析了 1982—2015 年及突变点前后生长季 NDVI 和气温、降水量、太阳辐射、SPEI 的时空演变特征;利用偏相关分析研究了气候变化对植被生长的影响;利用野外调查数据分析了地上生物量、地下生物量、物种多样性与海拔、经纬度、土壤温度、土壤水分、土壤容重、土壤有机碳、土壤总氮、土壤 pH 值、土壤碳氮比的特征,同时通过主成分分析、相关分析、广义加性模型、结构方程模型研究了生境对植被生长的影响;结合遥感和野外调查研究结果,揭示了高寒草甸和高寒草原对气候变化呈现差异响应的机理。主要结论有以下几点。

(1)1982—2015 年高寒草甸和高寒草原的 NDVI 分别在 1998 年和 2001 年发生突变。突变前高寒草甸和高寒草原的 NDVI 均呈增加趋势,而突变后变化趋势相反。高寒草甸 NDVI 突变的原因是 1998 年青藏高原暴雪引起高寒草甸气温在 1998 年突变。高寒草原突变的原因是 2001 年降水量突变。

(2)在各自突变点前后,高寒草甸生长季的 NDVI 总体表现为由显著上升变为不显著下降,高寒草原生长季的 NDVI 总体表现为由显著上升变为不显著上升;前者主要受三江源地区 NDVI 变化趋势的影响,后者受羌塘高原生长季 NDVI 变化的影响。

(3)1982—2015 年高寒草甸生长季气温和降水量极显著增加($p<0.001$),变化速率分别为 0.05 ℃/a 和 1.85 mm/a;太阳辐射显著下降($p<0.01$),变化速率为 -0.12×10^3 W/(m² · a);SPEI 增加不显著。1982—2015 年高寒草原生长季气温增加不明显,变化速率为 0.01 ℃/a($p=0.15$);而降水量则极显著增加,变化速率为 3.32 mm/a($p<0.001$);太阳辐射显著下降,变化速率为 -0.11×10^3 W/(m² · a)

（$p<0.05$）；SPEI 增加不明显。1982—1998 年和 1998—2015 年青藏高原西南和东南高寒草甸地区生长季降水量、太阳辐射和 SPEI 空间变化趋势相反。1982—2001年高寒草原生长季降水量空间上整体增加，2001—2015 年则整体减少，局部增加。

（4）降水量变化对高寒草甸和高寒草原生长季植被变化均起到关键作用；三江源地区退化植被呈现逆转可能来自于降水量在突变之后由不显著下降变为显著上升；而羌塘高原植被在突变之后出现退化可能因为该区在 2001 年突变点之后趋于干旱化。与高寒草原主要受降水影响不同，高寒草甸还受到气温变化的影响。

（7）高寒草甸 0～30 cm 土壤持水力明显大于高寒草原相同深度的土壤持水力。高寒草甸 0～50 cm 地下生物量、根冠比、物种丰富度、香农多样性均显著大于高寒草原。高寒草甸和高寒草原的地下生物量均集中分布于表层 0～10 cm，高寒草原深层地下生物量占比大于高寒草甸。

（8）气候整体变暖的背景下，导致高寒草甸和高寒草原植被变化的关键因子是降水量。当降水增加时，生态系统趋向暖湿的情境下，高寒草甸和高寒草原植被均呈增加态势；而当降水减少时，生态系统趋向暖干的情境下，高寒草甸植被退化，而高寒草原植被增加滞缓。高寒草甸优势种嵩草属于浅根系物种，其 0～10 cm 草毡层对土壤持水力响应极其敏感，根系盘根错节，且多为横向根系，不能吸收土壤深层的水分，在干旱胁迫条件下，根系面临死亡。高寒草原优势种禾草属于深根系物种，其根系具有延展性，能够吸收土壤深层水分，从而缓解表层土壤干旱胁迫。高寒草甸和高寒草原植被对气候变化的差异响应机理主要表现在其根系的构建和深度不同。

9.2 创 新 点

创新之处有以下两点。

（1）将遥感监测和地面调查有机结合，从不同空间尺度分析了高寒草甸和高寒草原对气候变化响应的差异及其机制。

（2）从群落结构、物种组成及植物生理生态特征的角度揭示了青藏高原高寒草甸和高寒草原对气候变化差异响应的机理。

9.3 问题与展望

本书在数据源及处理、植被变化监测、生境对植被生长的影响及高寒草甸和高寒草原植被变化差异机理方面的研究尚存不足，基于以上问题提出以下几点展望。

（1）基于 1982—2015 年 GIMMS NDVI3g 遥感产品提取了高寒草甸和高寒草原的生长季 NDVI，虽然该数据时间序列长，但是空间分辨率相比 MODIS 和 SPOT 植被产品数据要低,而且数据只到 2015 年,无法监测近几年高寒草甸和高寒草原植被的变化规律。MODIS 和 SPOT 植被产品时间序列短,但空间分辨率高,而且数据目前一直在更新。因此,未来的研究应该结合 GIMMS、MODIS 和 SPOT 产品,延长数据的时效,提高数据的分辨率,监测 1982 年至现在高寒草甸和高寒草原的植被动态差异特征。而且本书只用了一种遥感数据源,未来的研究应该利用 GIMMS、MODIS 和 SPOT 数据等不同遥感数据源,对高寒草甸和高寒草原植被变化规律开展对比研究,从遥感影像的采集、处理和加工过程的差异揭示不同遥感数据源植被变化差异特征。

(2)青藏高原的气象站点空间分布不均匀,大多分布在高原东部地区,西部和西北地区相对较少。此外,这些气象站大部分建立在西宁、拉萨以及海拔 3300~4500 m 的城镇周边,海拔 3300 m 以下高寒草甸和高寒草原地区无气象站。而位于海拔 5000 m 以上的气象站也极为有限。目前,整个高原气象站位于高寒草甸地区的仅有 17 个,位于高寒草原地区的仅有 10 个。实测气象数据的匮乏导致本书没有从器测资料的角度分析高寒草甸和高寒草原植被变化规律及气候要素对植被生长的影响,这也是未来工作需要补充和完善的。

(3)对高寒草甸和高寒草原生境特征的研究仅仅局限于土壤温湿度、养分、容重、pH 值,缺乏两种草地类型的土壤结构、粒径分布、土壤水热学性质(比如导热性和热容量)方面的对比研究。对两种草地类型植被特征的研究也仅仅局限于形态特征、生物量、物种多样性方面,没有对两种草地植被的生理学特征进行对比。这也是今后研究的一个方向。

(4)高寒草甸和高寒草原对表层土壤干旱胁迫适应策略的差异是基于模型模拟的结果和前人研究的基础上得出来的结论。未来的研究应该运用控制实验深入探究两种草地植被生长的最佳水热组合条件,对温度和降水变化响应出现突变的阈值范围,植物耐热性、耐旱性差异,植物叶水势、叶片相对膨压、光合速率、气孔导度和蒸腾速率及渗透调节物质方面的差异,并从分子生物学的角度揭示两种不同的生态系统对干旱胁迫的弹性及稳定性差异及机理。

(5)本书最终目的是为青藏高原退化草地防务服务,但在掌握了两种草地类型对气候变化差异响应的机理的基础上,并没有针对两种草地类型植被变化原因提出相应的管理策略。今后的研究应该运用模型对两大类型的植被潜在分布进行模拟,预测未来气候变化对草地植被分布的影响。从而提出空间差异性的管理,寻找适应性对策。

参考文献

白晓兰,魏加华,解宏伟,2017. 三江源区干湿变化特征及其影响[J]. 生态学报,37(24):8397-8410.

边多,杜军,2006. 近 40 年西藏"一江两河"流域气候变化特征[J]. 应用气象学报,17(2):169-175.

蔡英,李栋梁,汤懋苍,等,2003. 青藏高原近 50 年来气温的年代际变化[J]. 高原气象,22(5):464-470.

柴军,2013. 柴达木盆地近五十年来气候变化特征分析[J]. 青海气象(4):13-17.

陈德亮,徐柏青,姚檀栋,等,2015. 青藏高原环境变化科学评估:过去、现在与未来[J]. 科学通报,60(32):3025-3035.

赤曲,周顺武,多典洛珠,等,2020.1961—2017 年雅鲁藏布江河谷地区夏季气候暖干化趋势[J]. 气候与环境研究,25(3):281-291.

戴升,申红艳,李林,等,2013. 柴达木盆地气候由暖干向暖湿转型的变化特征分析[J]. 高原气象,1(1):211-211.

段克勤,姚檀栋,王宁练,等,2008. 青藏高原南北降水变化差异研究[J]. 冰川冻土,30(5):726-732.

韩炳宏,周秉荣,颜玉倩,等,2019.2000—2018 年间青藏高原植被覆盖变化及其与气候因素的关系分析[J]. 草地学报,27(6):196-203.

郝爱华,薛娴,彭飞,等,2020. 青藏高原典型草地植被退化与土壤退化研究[J]. 生态学报,40(3):964-975.

黄一民,章新平,2007. 青藏高原四季降水变化特征分析[J]. 长江流域资源与环境,16(4):537-537.

贾文雄,何元庆,李宗省,等,2008. 祁连山区气候变化的区域差异特征及突变分析[J]. 地理学报,63(3):257-269.

李辉霞,刘国华,傅伯杰,2011. 基于 NDVI 的三江源地区植被生长对气候变化和人类活动的响应研究[J]. 生态学报,31(19):5495-5504.

刘德坤,王军邦,齐述华,2014. 基于湿润指数的近 35 年青海省干湿状况变化分析[J]. 水土保持研究,21(2):246-256.

刘可,杜灵通,侯静,等,2018. 近 30 年中国陆地生态系统 NDVI 时空变化特征[J]. 生态学报,38(6):1885-1896.

刘蕊蕊,陆宝宏,陈昱潼,等,2013. 基于 PDSI 指数的三江源干旱气候特征分析[J]. 人民黄河,15(6):59-62.

刘晓东,侯萍,1998. 青藏高原及其邻近地区近 30 年气候变暖与海拔高度的关系[J]. 高原气象,17(3):245-249.

刘晓琼,吴泽洲,刘彦随,等,2019.1960—2015年青海三江源地区降水时空特征[J].地理学报,74(9):1803-1820.

吕春艳,李旭,刘明歆,等,2020.柴达木盆地1981—2017年降水及大气环流特征分析[J].沙漠与绿洲气象,14(3):78-87.

马文红,杨元合,贺金生,等,2008.内蒙古温带草地生物量及其与环境因子的关系[J].中国科学,38(1):84-92.

孟梦,牛铮,马超,等,2018.青藏高原NDVI变化趋势及其对气候的响应[J].水土保持研究,25(3):364-369,376.

孟宪红,陈昊,李照国,等,2020.三江源区气候变化及其环境影响研究综述[J].高原气象,39(6):1133-1143.

邵全琴,樊江文,刘纪远,等,2017.基于目标的三江源生态保护和建设一期工程生态成效评估及政策建议[J].中国科学院院刊,32(1):35-44.

时兴合,赵燕宁,戴升,等,2005.柴达木盆地40多年来的气候变化研究[J].中国沙漠,25(1):123-128.

孙庆龄,李宝林,许丽丽,等,2016.2000—2013年三江源植被NDVI变化趋势及影响因素分析[J].地球信息科学学报,18(12):1707-1716.

汤懋苍,1985.祁连山区降水的地理分布特征[J].地理学报,40(4):323-332.

汤懋苍,白重瑗,冯松,等,1998.本世纪青藏高原气候的三次突变及与天文因素的相关[J].高原气象,17(3):250-257.

汤懋苍,许曼春,1984.祁连山区的气候变化[J].高原气象,3(4):23-35.

王金亭,1988.青藏高原高山植被的初步研究[J].植物生态学报,12(2):81-90.

王金亭,李渤生,1982.西藏芜塘高原高寒草原的基本类型与特征[J].植物生态学与地植物学丛刊,6(1):1-13.

王丽萍,阎晓冉,马皓宇,等,2019.基于结构方程模型的水库多目标互馈关系研究[J].水力发电学报,38(10):47-58.

王秀红,1997a.高寒草甸分布的数学模式探讨[J].资源科学,19(5):71-77.

王秀红,1997b.青藏高原高寒草甸层带[J].山地研究,15(2):67-72.

王秀红,1997c.青藏高原高寒草甸的时空变化特征[J].地理科学进展,16(4):54-60.

王烨,李宁,张正涛,等,2016.BFAST——一种分析气候极端事件变化的新方法[J].灾害学,31(4):196-199.

王义凤,1963.东天山山地草原的基本特点[J].植物生态学与地植物学丛刊,1(1/2):110-130.

韦志刚,黄荣辉,董文杰,2003.青藏高原气温和降水的年际和年代际变化[J].大气科学,27(2):157-170.

徐满厚,刘敏,翟大彤,等,2016.模拟增温对青藏高原高寒草甸根系生物量的影响[J].生态学报,36(21):6812-6822.

杨春艳,沈渭寿,林乃峰,2013.西藏高原近50年气温和降水时空变化特征研究[J].干旱区资源与环境,27(12):167-172.

杨发源,戴升,张焕萍,2013.53年来共和盆地气候变化特征及其突变研究[J].青海气象(4):7-13.

杨元合,朴世龙,2006.青藏高原草地植被覆盖变化及其与气候因子的关系[J].植物生态学报,30

（1）：1-8.

鱼小军，2010. 牦牛粪维系青藏高原高寒草地健康的作用机制[D]. 兰州：甘肃农业大学.

张娟，肖宏斌，徐维新，等，2013. 1971—2010 年柴达木盆地可降水量变化特征及其与气象条件分析[J]. 资源科学，35（11）：2289-2297.

张利，周广胜，汲玉河，等，2016. 中国草地碳储量时空动态模拟研究[J]. 中国科学：地球科学，46（10）：1392-1405.

张人禾，周顺武，2008. 青藏高原气温变化趋势与同纬度带其他地区的差异以及臭氧的可能作用[J]. 气象学报，66（6）：916-925.

张盛魁，2006. 祁连山区气候变化的研究[J]. 青海农林科技（2）：15-18.

张晓，李净，姚晓军，等，2012. 近 45 年青海省降水时空变化特征及突变分析[J]. 干旱区资源与环境，26（5）：6-12.

张新时，1978. 西藏植被的高原地带性[J]. 植物学报，20（2）：140-149.

张耀宗，张勃，刘艳艳，等，2009. 近半个世纪以来祁连山区气温与降水变化的时空特征分析[J]. 干旱区资源与环境，23（4）：127-132.

张镱锂，刘林山，摆万奇，等，2006. 黄河源地区草地退化空间特征[J]. 地理学报，61（1）：3-14.

张镱锂，周才平，丁明军，等，2013. 青藏高原高寒草地净初级生产力（NPP）时空分异[J]. 地理学报，68（9）：1197-1211.

赵安周，朱秀芳，刘宪锋，等，2015. 1965—2013 年渭河流域降水时空变化分析[J]. 自然资源学报，30（11）：1896-1909.

郑度，张荣祖，杨勤业，1979. 试论青藏高原的自然地带[J]. 地理学报，34（1）：1-11.

郑度，赵东升，2017. 青藏高原的自然环境特征[J]. 科技导报，35（6）：13-22.

郑然，李栋梁，蒋元春，2015. 全球变暖背景下青藏高原气温变化的新特征[J]. 高原气象，34（6）：1531-1539.

周宁芳，秦宁生，屠其璞，等，2005. 近 50 年青藏高原地面气温变化的区域特征分析[J]. 高原气象，24（3）：344-349.

周兴民，1980. 青藏高原高寒草原的概述及其与欧亚草原区的关系[J]. 中国草地学报（4）：3-8.

卓嘎，陈思蓉，周兵，2018. 青藏高原植被覆盖时空变化及其对气候因子的响应[J]. 生态学报，38（9）：220-230.

Adams H D，Guardiola C M，Barron G G A，et al，2009. Temperature sensitivity of drought-induced tree mortality portends increased regional die-off under global-change-type drought[J]. Proceedings of the National Academy of Sciences，106（17）：7063-7066.

An W L，Hou S G，Hu Y Y，et al，2017. Delayed warming hiatus over the Tibetan Plateau[J]. Earth and Space Science，4（3）：128-137.

Bai Y F，Guo C C，Degen A A，et al，2020. Climate warming benefits alpine vegetation growth in Three-River Headwater Region，China[J]. Science of the Total Environment，742：140574.

Beer C，Reichstein M，Tomelleri E，et al，2010. Terrestrial gross carbon dioxide uptake：Global distribution and covariation with climate[J]. Science，329（5993）：834-838.

Bokhorst S，Huiskes A，Aerts R，et al，2013. Variable temperature effects of Open Top Chambers at polar and alpine sites explained by irradiance and snow depth[J]. Global Change Biology，19：

59-68.

Cai D L,Fraedrich K,Sielmann F,et al,2015. Vegetationdynamics on the Tibetan Plateau(1982—2006):An attribution by ecohydrological diagnostics[J]. Journal of Climate,28(11):4576-4584.

Che T,Xin L,Jin R,et al,2008. Snow depth derived from passive microwave remote-sensing data in China[J]. Annals of Glaciology,49(1):145-154.

Chen B,Xu X D,Yang S,et al,2012. On the origin and destination of atmospheric moisture and air mass over the Tibetan Plateau[J]. Theoretical and Applied Climatology,110(3):423-435.

Chen B X,Zhang X Z,Tao J,et al,2014. The impact of climate change and anthropogenic activities on alpine grassland over the Qinghai-Tibet Plateau[J]. Agricultural and Forest Meteorology,189:11-18.

Chen H,Zhu Q,Peng C H,et al,2013a. The impacts of climate change and human activities on bio-geochemical cycles on the Qinghai-Tibetan Plateau [J]. Global Change Biology, 19 (10):2940-2955.

Chen L T,Niu K C,Wu Y,et al,2013b. UV radiation is the primary factor driving the variation in leaf phenolics across Chinese grasslands[J]. Ecology and Evolution,3(14):4696-4710.

Chen Y Y,Yang K,He J,et al,2011. Improving land surface temperature modeling for dry land of China[J]. Journal of Geophysical Research:Atmospheres,116(D20).

Cleland E E,Chuine I,Menzel A,et al,2007. Shifting plant phenology in response to global change [J]. Trends in Ecology and Evolution,22(7):357-365.

Cleveland R B,Cleveland W S,1990. STL:A seasonal-trend decomposition procedure based on Loess [J]. Journal of Official Statistics,6(1):3-33.

Cui X F,Graf H F,2009. Recent land cover changes on the Tibetan Plateau:a review[J]. Climatic Change,94(1-2):47-61.

Deng H J,Pepin N C,Chen Y N,2017. Changes of snowfall under warming in the Tibetan Plateau [J]. Journal of Geophysical Research Atmospheres,122(14):7323-7341.

Detsch F,Otte I,Appelhans T,et al,2016. Seasonal and long-term vegetation dynamics from 1-km GIMMS-based NDVI time series at Mt. Kilimanjaro, Tanzania[J]. Remote Sensing of Environment,178:70-83.

Ding J Z,Yang T,Zhao Y T,et al,2018. Increasinglyimportant role of atmospheric aridity on Tibetan Alpine Grasslands[J]. Geophysical Research Letters,45(6):2852-2859.

Ding M J,Zhang Y L,Liu L S,et al,2007. The relationship between NDVI and precipitation on the Tibetan Plateau[J]. Journal of Geographical Sciences,17(3):259-268.

Doiron M,Gauthier G,Lévesque E,2014. Effects of experimental warming on nitrogen concentration and biomass of forage plants for an arctic herbivore[J]. Journal of Ecology,102:508-517.

Du J Q,Zhao C X,Shu J M,et al,2016. Spatiotemporal changes of vegetation on the Tibetan Plateau and relationship to climatic variables during multiyear periods from 1982—2012[J]. Environmental Earth Sciences,75(1):1-18.

Du M Y,Kawashima S,Yonemura S,et al,2004. Mutual influence between human activities and climate change in the Tibetan Plateau during recent years[J]. Global and Planetary Change,41(3):

241-249.

Duan H C,Xue X,Wang T,et al,2021. Spatial andtemporal differences in alpine meadow,alpine steppe and all vegetation of the Qinghai-Tibetan Plateau and their responses to climate change [J]. Remote Sensing,13(4):669.

Eamus D,Boulain N,Cleverly J,et al,2013. Global change-type drought-induced tree mortality:Vapor pressure deficit is more important than temperature per se in causing decline in tree health [J]. Ecology and Evolution,3(8):2711-2729.

Feng Y F,Wu J S,Zhang J,et al,2017. Identifying therelative contributions of climate and grazing to both direction and magnitude of alpine grassland productivity dynamics from 1993 to 2011 on the Northern Tibetan Plateau[J]. Remote Sensing,9(2):136.

Fensholt R,Rasmussen K,Nielsen T T,et al,2009. Evaluation of earth observation based long term vegetation trends——Intercomparing NDVI time series trend analysis consistency of Sahel from AVHRR GIMMS,Terra MODIS and SPOT VGT data[J]. Remote Sensing of Environment,113 (9):1886-1898.

Frauenfeld,Oliver W,2005. Climate change and variability using European Centre for Medium-Range Weather Forecasts reanalysis(ERA-40) temperatures on the Tibetan Plateau[J]. Journal of Geophysical Research Atmospheres,110,D02101.

Fu G,Shen Z X,Zhang X Z,2018. Increased precipitation has stronger effects on plant production of an alpine meadow than does experimental warming in the Northern Tibetan Plateau[J]. Agricultural and Forest Meteorology,249:11-21.

Fu G,Zhang H R,Sun W,2019. Response of plant production to growing/non-growing season asymmetric warming in an alpine meadow of the Northern Tibetan Plateau[J]. Science of the Total Environment,650:2666-2673.

Ganjurjav H,Gao Q Z,Gornish E S,et al,2016. Differential response of alpine steppe and alpine meadow to climate warming in the central Qinghai-Tibetan Plateau[J]. Agricultural and Forest Meteorology,223:233-240.

Ganjurjav H,Gao Q Z,Zhang W N,et al,2015. Effects ofwarming on CO_2 fluxes in an alpine meadow ecosystem on the Central Qinghai-Tibetan Plateau[J]. Plos One,10(7):e0132044.

Ganjurjav H,Gornish E S,Hu G Z,et al,2018. Temperature leads to annual changes of plant community composition in alpine grasslands on the Qinghai-Tibetan Plateau[J]. Environmental Monitoring and Assessment,190(10):585.

Gao J,Yao T D,Masson D V,et al,2019. Collapsing glaciers threaten Asia's water supplies[J]. Nature,565(7737):19-21.

Gao Q Z,Li Y,Xu H M,et al,2014a. Adaptation strategies of climate variability impacts on alpine grassland ecosystems in Tibetan Plateau[J]. Mitigation and Adaptation Strategies for Global Change,19(2):199-209.

Gao Q Z,Wan Y F,Li Y,et al,2013a. Effects of topography and human activity on the net primary productivity(NPP) of alpine grassland inNorthern Tibet from 1981 to 2004[J]. International Journal of Remote Sensing,34(5):2057-2069.

Gao Y H, Li X, Leung L R, et al, 2014b. Aridity changes in the Tibetan Plateau in a warming climate [J]. Environmental Research Letters, 10(3):34013-34013.

Gao Y H, Zhou X, Wang Q, et al, 2013b. Vegetation net primary productivity and its response to climate change during 2001—2008 in the Tibetan Plateau[J]. Science of the Total Environment, 444:356-362.

Geng L Y, Che T, Wang X, et al, 2019. Detectingspatiotemporal changes in vegetation with the BFAST model in the Qilian Mountain Region during 2000—2017 [J]. Remote Sensing, 11 (2):103.

Guan Q Y, Yang L Q, Pan N H, et al, 2018. Greening andbrowning of the Hexi Corridor in Northwest China: Spatial patterns and responses to climatic variability and anthropogenic drivers[J]. Remote Sensing, 10(8):1270.

Guo B, Han B M, Yang F, et al, 2020. Determining the contributions of climate change and human activities to the vegetation NPP dynamics in the Qinghai-Tibet Plateau, China, from 2000 to 2015 [J]. Environmental Monitoring and Assessment, 192(10):663.

Guo D L, Sun J Q, Yang K, et al, 2019. Revisiting recent elevation dependent warming on the Tibetan Plateau using satellite-based datasets[J]. Journal of Geophysical Research Atmospheres, 124 (15):8511-8521.

Harris R B, 2010. Rangeland degradation on the Qinghai-Tibetan plateau: A review of the evidence of its magnitude and causes[J]. Journal of Arid Environments, 74(1):1-12.

Holben B N, 1986. Characteristics of maximum-value composite images from temporal AVHRR data [J]. International Journal of Remote Sensing, 7(11):1417-1434.

Huang J, Li Y, Fu C, et al, 2017. Dryland climate change: recent progress and challenges[J]. Reviews of Geophysics, 55(4):719-778.

Huang K, Zhang Y J, Zhu J T, et al, 2016. Theinfluences of climate change and human activities on vegetation dynamics in the Qinghai-Tibet Plateau[J]. Remote Sensing, 8(10):876.

Huang X L, Zhang T B, Yi G H, et al, 2019. Dynamicchanges of NDVI in the growing season of the Tibetan Plateau during the past 17 years and its response to climate change[J]. International Journal of Environmental Research and Public Health, 16(18):3452.

Huete A, Didan K, Miura T, et al, 2002. Overview of the radiometric and biophysical performance of the MODIS vegetation indices[J]. Remote Sensing of Environment, 83(1):195-213.

IPCC, 2014. Climate change 2014: Synthesis report. Contribution of working groups Ⅰ, Ⅱ and Ⅲ to the fifth assessment report of the intergovernmental panel on climate change[R]. Geneva.

Jönsson P, Eklundh L, 2004. TIMESAT-A program for analyzing time-series of satellite sensor data [J]. Computers and Geosciences, 30(8):833-845.

Kang S C, Xu Y W, You Q L, et al, 2010. Review of climate and cryospheric change in the Tibetan Plateau[J]. Environmental Research Letters, 5(1):015101.

Keeling C D, Chin J F S, Whorf T P, 1996. Increased activity of northern vegetation inferred from atmospheric CO_2 measurements[J]. Nature, 382(6587):146-149.

Kimball B A, 2005. Theory and performance of an infrared heater for ecosystem warming[J]. Global

Change Biology,11(11):2041-2056.

Klein J,Harte J,Zhao X Q,2007. Experimental warming,not grazing,decreases rangeland quality on the Tibetan Plateau[J]. Ecological Applications:A Publication of the Ecological Society of America,17:541-557.

Klein J A,Harte J,Zhao X Q,2005. Dynamic and complex microclimate responses to warming and grazing manipulations[J]. Global Change Biology,11(9):1440-1451.

Klein J A,Harte J,Zhao X Q,2008. Decline in medicinal and forage species with warming is mediated by plant traits on the Tibetan Plateau[J]. Ecosystems,11(5):775-789.

Konings A G,Williams A P,Gentine P,2017. Sensitivity of grassland productivity to aridity controlled by stomatal and xylem regulation[J]. Nature Geoscience,10(4):284-288.

Kuang X X,Jiao J J,2016. Review on climate change on the Tibetan Plateau during the last half century[J]. Journal of Geophysical Research:Atmospheres,121(8):3979-4007.

Lambers H,Oliveira R S,2019. Plant physiological ecology[M]. Springer Verlag,New York.

Lehnert L W,Wesche K,Trachte K,et al,2016. Climate variability rather than overstocking causes recent large scale cover changes of Tibetan pastures[J]. Scientific Reports,6(1):24367.

Li C L,Kang S C,2006. Review of the studies on climate change since the last inter-glacial period on the Tibetan Plateau[J]. Journal of Geographical Sciences,16(3):337-345.

Li H D,Li Y K,Gao Y Y,et al,2016. Humanimpact on vegetation dynamics around Lhasa,Southern Tibetan Plateau,China[J]. Sustainability,8(11):1146.

Li H D,Li Y K,Shen W S,et al,2015. Elevation-dependent vegetation greening of the Yarlung Zangbo River basin in the Southern Tibetan Plateau,1999—2013[J]. Remote Sensing,7(12):16672-16687.

Li H X,Liu G H,Fu B J,2011. Response of vegetation to climate change and human activity based on NDVI in the Three-River Headwaters region[J]. Acta Ecologica Sinica,31(19):5495-5504.

Li H,Liu L,Liu X C,et al,2019a. Greeningimplication inferred from vegetation dynamics interacted with climate change and human activities over the Southeast Qinghai-Tibet Plateau[J]. Remote Sensing,11(20):2421.

Li J L,Wu C Y,Wang X Y,et al,2020a. Satellite observed indicators of the maximum plant growth potential and their responses to drought over Tibetan Plateau(1982—2015)[J]. Ecological Indicators,108:105732.

Li L,Yang S,Wang Z Y,et al,2010. Evidence ofwarming and wetting climate over the Qinghai-Tibet Plateau[J]. Arctic,Antarctic and Alpine Research,42(4):449-457.

Li L H,Zhang Y L,Liu L S,et al,2018a. Current challenges in distinguishing climatic and anthropogenic contributions to alpine grassland variation on the Tibetan Plateau[J]. Ecology and Evolution,8(11):5949-5963.

Li L H,Zhang Y L,Liu L S,et al,2018b. Spatiotemporalpatterns of vegetation greenness change and associated climatic and anthropogenic drivers on the Tibetan Plateau during 2000—2015[J]. Remote Sensing,10(10):1525.

Li L H,Zhang Y L,Wu J S,et al,2019b. Increasing sensitivity of alpine grasslands to climate variability along an elevational gradient on the Qinghai-Tibet Plateau[J]. Science ofthe Total Environment,678:21-29.

Li P L,Hu Z M,Liu Y W,2020b. Shift in the trend of browning in Southwestern Tibetan Plateau in the past two decades[J]. Agricultural and Forest Meteorology,287:107950.

Li R,Zhao L,Wu T H,et al,2013. Temporal and spatial variations of global solar radiation over the Qinghai-Tibetan Plateau during the past 40 years[J]. Theoreticaland Applied Climatology,113 (3):573-583.

Liang E Y,Shao X M,Xu Y,2009. Tree-ring evidence of recent abnormal warming on the southeast Tibetan Plateau[J]. Theoreticaland Applied Climatology,98(1):9-18.

Liang L Q,Li L J,Liu C M,et al,2013. Climate change in the Tibetan Plateau Three Rivers Source Region:1960—2009[J]. International Journal of Climatology,33(13):2900-2916.

Liu H Y,Mi Z R,Lin L,et al,2018. Shifting plant species composition in response to climate change stabilizes grassland primary production[J]. Proceedings of the National Academy of Sciences,115 (16):4051-4056.

Liu J G,Ouyang Z Y,Tan Y C,et al,1999. Changes in human population structure:Implications for biodiversity conservation[J]. Population and Environment,21(1):45-58.

Liu L B,Wang Y,Wang Z,et al,2019a. Elevation-dependent decline in vegetation greening rate driven by increasing dryness based on three satellite NDVI datasets on the Tibetan Plateau[J]. Ecological Indicators,107:105569.

Liu X D,Chen B D,2000. Climatic warming in the Tibetan Plateau during recent decades[J]. International Journal of Climatology,20(14):1729-1742.

Liu X D,Cheng Z G,Yan L B,et al,2009. Elevation dependency of recent and future minimum surface air temperature trends in the Tibetan Plateau and its surroundings[J]. Global and Planetary Change,68(3):164-174.

Liu X,Yin Z Y,Shao X M,et al,2006. Temporal trends and variability of daily maximum and minimum,extreme temperature events,and growing season length over the eastern and central Tibetan Plateau during 1961—2003[J]. Journal of Geophysical Research:Atmospheres,111(D19).

Liu X F,Zhang J S,Zhu X F,et al,2014. Spatiotemporal changes in vegetation coverage and its driving factors in the Three-River Headwaters Region during 2000—2011[J]. Journal of Geographical Sciences,24(2):288-302.

Liu X M,Zheng H X,Zhang M H,et al,2011. Identification of dominant climate factor for pan evaporation trend in the Tibetan Plateau[J]. Journal of Geographical Sciences,21(4):594-608.

Liu Y J,Zhang Y J,Zhu J T,et al,2019b. Warming slowdown over the Tibetan plateau in recent decades[J]. Theoretical and Applied Climatology,135(3-4):1375-1385.

Luo Z K,Feng W T,Luo Y Q,et al,2017. Soil organic carbon dynamics jointly controlled by climate,carbon inputs,soil properties and soil carbon fractions[J]. Global Change Biology,23(10): 4430-4439.

Luo Z H,Wu W C,Yu X J,et al,2018. Variation ofnet primary production and its correlation with climate change and anthropogenic activities over the Tibetan Plateau[J]. Remote Sensing,10

（9）:1352.

Marion G M, Henry G H R, Freckman D W, et al, 1997. Open-top designs for manipulating field temperature in high-latitude ecosystems[J]. Global Change Biology, 3(1):20-32.

Matthias F, Nuno C, Jan V, et al, 2013. Trendchange detection in NDVI time series:Effects of inter-annual variability and methodology[J]. Remote Sensing, 5(5):2113-2144.

Miehe G, Schleuss P M, Seeber E, et al, 2019. The Kobresia pygmaea ecosystem of the Tibetan highlands——Origin, functioning and degradation of the world's largest pastoral alpine ecosystem: Kobresia pastures of Tibet[J]. Science of the Total Environment, 648:754-771.

Murthy K, Bagchi S, 2018. Spatial patterns of long-term vegetation greening and browning are consistent across multiple scales:Implications for monitoring land degradation[J]. Land Degradation and Development, 29(8):2485-2495.

Narumasa T, Izuru S, Masayuki M, et al, 2013. Landcover change detection in Ulaanbaatar using the breaks for additive seasonal and trend method[J]. Land, 2(4):534-549.

Nemani R R, Keeling C D, Hashimoto H, et al, 2003. Climate-driven increases in global terrestrial net primary production from 1982 to 1999[J]. Science, 300(5625):1560-1563.

Ni Y, Zhou Y K, Fan J F, 2020. Characterizingspatiotemporal pattern of vegetation greenness breakpoints on Tibetan Plateau using GIMMS NDVI3g dataset[J]. IEEE Access, 8:56518-56527.

Nie X Q, Yang L C, Xiong F, et al, 2018. Aboveground biomass of the alpine shrub ecosystems in Three-River Source Region of the Tibetan Plateau[J]. Journal of Mountain Science, 15(2):357-363.

Pan N Q, Feng X M, Fu B J, et al, 2018. Increasing global vegetation browning hidden in overall vegetation greening:Insights from time-varying trends[J]. Remote Sensing of Environment, 214:59-72.

Pan T, Zou X T, Liu Y J, et al, 2017. Contributions of climatic and non-climatic drivers to grassland variations on the Tibetan Plateau[J]. Ecological Engineering, 108:307-317.

Pang G J, Wang X J, Yang M X, 2017. Using the NDVI to identify variations in, and responses of, vegetation to climate change on the Tibetan Plateau from 1982 to 2012[J]. Quaternary International, 444:87-96.

Peng A H, Klanderud K, Wang G X, et al, 2020. Plant community responses to warming modified by soil moisture in the Tibetan Plateau[J]. Arctic, Antarctic and Alpine Research, 52(1):60-69.

Peng F, Xue X, Xu M H, et al, 2017. Warming-induced shift towards forbs and grasses and its relation to the carbon sequestration in an alpine meadow[J]. Environmental Research Letters, 12(4):044010.

Peng F, Xue X, You Q G, et al, 2016. Intensified plant N and C pool with more available nitrogen under experimental warming in an alpine meadow ecosystem[J]. Ecology and Evolution, 6(23):8546-8555.

Peng S S, Piao S L, Zeng Z Z, et al, 2014. Afforestation in China cools local land surface temperature[J]. Proceedings of the National Academy of Sciences, 111(8):2915-2919.

Piao S L, Fang J Y, He J S, 2006a. Variations invegetation net primary production in the Qinghai-Xizang Plateau,China,from 1982 to 1999[J]. Climatic Change,74(1):253-267.

Piao S L,Tan K,Nan H J,et al,2012. Impacts of climate and CO_2 changes on the vegetation growth and carbon balance of Qinghai-Tibetan grasslands over the past five decades[J]. Global and Planetary Change,98:73-80.

Pinzon J E,Tucker C J,2014. Anon-stationary 1981—2012 AVHRR NDVI3g time series[J]. Remote Sensing,6(8):6929-6960.

Qin X J,Sun J,Liu M,et al,2016. Theimpact of climate change and human activity on net primary production in Tibet[J]. Polish Journal of Environmental Studies,25(5):2113-2120.

Ran Q W,Hao Y B,Xia A Q,et al,2019. Quantitativeassessment of the impact of physical and anthropogenic factors on vegetation spatial-temporal variation in Northern Tibet[J]. Remote Sensing,11(10):1183.

Reich P B,Sendall K M,Stefanski A,et al,2018. Effects of climate warming on photosynthesis in boreal tree species depend on soil moisture[J]. Nature,562(7726):263-267.

Ruiz J M,Aide T M,2005. Vegetation structure,species diversity,and ecosystem processes as measures of restoration success[J]. Forest Ecology and Management,218(1):159-173.

Schleuss P,Heitkamp F,Sun Y,et al,2015. Nitrogenuptake in an Alpine Kobresia Pasture on the Tibetan Plateau:Localization by 15N labeling and implications for a vulnerable ecosystem[J]. Ecosystems,18(6):946-957.

Screen J A,Simmonds I,2010. The central role of diminishing sea ice in recent Arctic temperature amplification[J]. Nature,464(7293):1334-1337.

Seddon A W R,Macias F M,Long P R,et al,2016. Sensitivity of global terrestrial ecosystems to climate variability[J]. Nature,531(7593):229-232.

Shaman J,Tziperman E,2005. Theeffect of ENSO on Tibetan Plateau snow depth:A stationary wave teleconnection mechanism and implications for the South Asian Monsoons[J]. Journal of Climate,18(12):2067-2079.

Sheffield J,Goteti G,Wood E,et al,2006. Development of a 50-year high-resolution global dataset of meteorological forcings for land surface modeling[J]. Journal of Climate,19(13):3088-3111.

Shen M G,Piao S L,Chen X Q,et al,2016. Strong impacts of daily minimum temperature on the green-up date and summer greenness of the Tibetan Plateau[J]. Global Change Biology,22(9):3057-3066.

Shen M G,Piao S L,Dorji T,et al,2015a. Plant phenological responses to climate change on the Tibetan Plateau:Research status and challenges[J]. National Science Review,2(4):454-467.

Shen M G,Piao S L,Jeong S J,et al,2015b. Evaporative cooling over the Tibetan Plateau induced by vegetation growth[J]. Proceedings of the National Academy of Sciences,112(30):9299-9304.

Shen X J,An R,Feng L,et al,2018. Vegetation changes in the Three-River Headwaters Region of the Tibetan Plateau of China[J]. Ecological Indicators,93:804-812.

Shen Z X,Fu G,Yu C Q,et al,2014. Relationship between thegrowing season maximum enhanced vegetation index and climate elements on the Tibetan Plateau[J]. Remote Sensing,6(8):6765-6789.

Shi Y,Wang Y,Ma Y,et al,2014. Field-based observations of regional-scale,temporal variation in net primary production in Tibetan alpine grasslands[J]. Biogeosciences,11(7):2003-2016.

Sun J,Cheng G W,Li W P,et al,2013a. On thevariation of NDVI with the principal climatic elements in the Tibetan Plateau[J]. Remote Sensing,5(4):1894-1911.

Sun J,Cheng G W,Li W P,2013b. Meta-analysis of relationships between environmental factors and aboveground biomass in the alpine grassland on the Tibetan Plateau[J]. Biogeosciences,10(3): 1707-1715.

Sun J,Qin X J,Yang J,2016. The response of vegetation dynamics of the different alpine grassland types to temperature and precipitation on the Tibetan Plateau[J]. Environmental Monitoring and Assessment,188(1):1-11.

Sun W C,Wang Y Y,Fu Y H,et al,2019. Spatial heterogeneity of changes in vegetation growth and their driving forces based on satellite observations of the Yarlung Zangbo River Basin in the Tibetan Plateau[J]. Journal of Hydrology,574:324-332.

Tan K,Ciais P,Piao S L,et al,2010. Application of the ORCHIDEE global vegetation model to evaluate biomass and soil carbon stocks of Qinghai-Tibetan grasslands[J]. Global Biogeochemical Cycles,24(GB1013).

Tang W J,Yang K L,Qin J,et al,2011. Solar radiation trend across China in recent decades:A revisit with quality-controlled data[J]. Atmospheric Chemistry and Physics,11(1):393-406.

Tao J,Zhang Y J,Dong J W,et al,2015. Elevation-dependent relationships between climate change and grassland vegetation variation across the Qinghai-Xizang Plateau[J]. International Journal of Climatology,35(7):1638-1647.

Tian F,Fensholt R,Verbesselt J,et al,2015. Evaluating temporal consistency of long-term global NDVI datasets for trend analysis[J]. Remote Sensing of Environment,163:326-340.

Tomé A R,Miranda P M A,2004. Piecewise linear fitting and trend changing points of climate parameters[J]. Geophysical Research Letters,31(L02207).

Tong K,Su F G,Yang D Q,et al,2014. Tibetan Plateau precipitation as depicted by gauge observations,reanalyses and satellite retrievals[J]. International Journal of Climatology,34(2):265-285.

Toté C,Swinnen E,Sterckx S,et al,2017. Evaluation of the SPOT/VEGETATION Collection 3 reprocessed dataset:Surface reflectances and NDVI[J]. Remote Sensing of Environment,201: 219-233.

Venter O,Sanderson E W,Magrach A,et al,2016. Sixteen years of change in the global terrestrial human footprint and implications for biodiversity conservation[J]. Nature Communications,7(1): 12558.

Verbesselt J,Hyndman R,Newnham G,et al,2010a. Detecting trend and seasonal changes in satellite image time series[J]. Remote Sensing of Environment,114(1):106-115.

Verbesselt J,Hyndman R,Zeileis A,et al,2010b. Phenological change detection while accounting for abrupt and gradual trends in satellite image time series[J]. Remote Sensing of Environment,114 (12):2970-2980.

Vicente S S M,Beguería S,López M J I,2010. A multiscalar drought index sensitive to global warming: The standardized precipitation evapotranspiration index[J]. Journal of Climate, 23(7): 1696-1718.

Vicente S S M, Gouveia C, Camarero J J, et al, 2013. Response of vegetation to drought time-scales across global land biomes[J]. Proceedings of the National Academy of Sciences, 110(1): 52-57.

Walker D A, Jia G J, Epstein H E, et al, 2003. Vegetation-soil-thaw-depth relationships along a low-arctic bioclimate gradient, Alaska: Synthesis of information from the ATLAS studies[J]. Permafrost and Periglacial Processes, 14(2): 103-123.

Wang B, Bao Q, Hoskins B, et al, 2008. Tibetan Plateau warming and precipitation changes in East Asia[J]. Geophysical Research Letters, 35: L14702.

Wang G, Baskin C C, Baskin J M, et al, 2018. Effects of climate warming and prolonged snow cover on phenology of the early life history stages of four alpine herbs on the southeastern Tibetan Plateau[J]. AmericanJournal of Botany, 105(6): 967-976.

Wang G X, Li Y S, Wu Q B, et al, 2006. Impacts of permafrost changes on alpine ecosystem in Qinghai-Tibet Plateau[J]. Science in China Series D: Earth Sciences, 49(11): 1156-1169.

Wang G X, Wang Y B, Li Y S, et al, 2007. Influences of alpine ecosystem responses to climatic change on soil properties on the Qinghai-Tibet Plateau, China[J]. Catena, 70(3): 506-514.

Wang H S, Liu D S, Lin H, et al, 2015a. NDVI and vegetation phenology dynamics under the influence of sunshine duration on the Tibetan plateau[J]. International Journal of Climatology, 35(5): 687-698.

Wang H, Liu H Y, Cao G M, et al, 2020a. Alpine grassland plants grow earlier and faster but biomass remains unchanged over 35 years of climate change[J]. Ecology Letters, 23(4): 701-710.

Wang L G, Zeng Y X, Zhong L S, 2017a. Impact ofclimate change on tourism on the Qinghai-Tibetan Plateau: Research based on a literature review[J]. Sustainability, 9(9): 1539.

Wang S P, Duan J C, Xu G P, et al, 2012. Effects of warming and grazing on soil N availability, species composition, and ANPP in an alpine meadow[J]. Ecology, 93(11): 2365-2376.

Wang S H, Sun W, Li S W, et al, 2015b. Interannualvariation of the growing season maximum normalized difference vegetation index, MNDVI, and its relationship with climate elements on the Tibetan Plateau[J]. Polish Journal of Ecology, 63(3): 424-439.

Wang X F, Xiao J F, Li X, et al, 2017b. No consistent evidence for advancing or delaying trends in Spring Phenology on the Tibetan Plateau[J]. Journal of Geophysical Research: Biogeosciences, 122(12): 3288-3305.

Wang X Y, Yi S H, Wu Q B, et al, 2016a. The role of permafrost and soil water in distribution of alpine grassland and its NDVI dynamics on the Qinghai-Tibetan Plateau[J]. Global and Planetary Change, 147: 40-53.

Wang Y, Peng D L, Shen M G, et al, 2020b. Contrastingeffects of temperature and precipitation on vegetation greenness along elevation gradients of the Tibetan Plateau[J]. Remote Sensing, 12(17): 2751.

Wang Y, Wesche K, 2016. Vegetation and soil responses to livestock grazing in Central Asian grasslands: A review of chinese literature[J]. Biodiversity and Conservation, 25(12): 2401-2420.

Wang Z Q, Zhang Y Z, Yang Y, et al, 2016b. Quantitative assess the driving forces on the grassland degradation in the Qinghai-Tibet Plateau, in China[J]. Ecological Informatics, 33:32-44.

Wei X X, Yan C Z, Wei W, 2019. Grassland dynamics and the driving factors based on net primary productivity in Qinghai Province, China[J]. ISPRS International Journal of Geo-Information, 8 (2):73.

Wei D, Zhao H, Zhang J X, et al, 2020. Human activities alter response of alpine grasslands on Tibetan Plateau to climate change[J]. Journal of Environmental Management, 262:110335.

Wei Y X, Chen Q G, 2001. Grassland classification and evaluation of grazing capacity in Naqu Prefecture, Tibet Autonomous Region, China[J]. New Zealand Journal of Agricultural Research, 44 (4):253-258.

Wen J, Qin R M, Zhang S X, et al, 2020. Effects of long-term warming on the aboveground biomass and species diversity in an alpine meadow on the Qinghai-Tibetan Plateau of China[J]. Journal of Arid Land, 12(2):252-266.

Wu D H, Zhao X, Liang S L, et al, 2015a. Time-lag effects of global vegetation responses to climate change[J]. Global Change Biology, 21(9):3520-3531.

Wu Q B, Hou Y D, Yun H B, et al, 2015b. Changes in active-layer thickness and near-surface permafrost between 2002 and 2012 in alpine ecosystems, Qinghai-Xizang (Tibet) Plateau, China[J]. Global and Planetary Change, 124:149-155.

Wu Q B, Shi B, Liu Y Z, 2003. Interaction study of permafrost and highway along Qinghai-Xizang Highway[J]. Science in China Series D: Earth Sciences, 46(2):97-105.

Wu Q B, Zhang T J, 2010. Changes in active layer thickness over the Qinghai-Tibetan Plateau from 1995 to 2007[J]. Journal of Geophysical Research: Atmospheres, 115(D9).

Wu Q B, Zhang T J, Liu Y Z, 2010. Permafrost temperatures and thickness on the Qinghai-Tibet Plateau[J]. Global and Planetary Change, 72(1):32-38.

Wu T H, Qin Y H, Wu X D, et al, 2018. Spatiotemporal changes of freezing/thawing indices and their response to recent climate change on the Qinghai-Tibet Plateau from 1980 to 2013[J]. Theoreticaland Applied Climatology, 132(3):1187-1199.

Wu W J, Sun X H, Epstein H, et al, 2020. Spatial heterogeneity of climate variation and vegetation response for Arctic and high-elevation regions from 2001—2018 [J]. Environmental Research Communications, 2(1):011007.

Wu Z H, Huang N E, 2011. Ensemble empirical mode decomposition: a noiseassisted data analysis method[J]. Advances in Adaptive Data Analysis, 1(1):1-41.

Xia H M, Li A N, Feng G R, et al, 2018. Theeffects of asymmetric diurnal warming on vegetation growth of the Tibetan Plateau over the past three decades[J]. Sustainability, 10(4):1103.

Xie H, Ye J S, Liu X M, et al, 2010. Warming and drying trends on the Tibetan Plateau (1971—2005)[J]. Theoretical and Applied Climatology, 101(3):241-253.

Xie H, Zhu X, Yuan D Y, 2015. Pan evaporation modelling and changing attribution analysis on the Tibetan Plateau (1970—2012)[J]. Hydrological Processes, 29(9):2164-2177.

Xu H J, Wang X P, Zhang X X, 2016a. Alpine grasslands response to climate elements and anthropogenic activities on the Tibetan Plateau from 2000 to 2012[J]. Ecological Engineering,92:251-259.

Xu H J, Wang X P, Zhang X X, 2017. Impacts of climate change and human activities on the aboveground production in alpine grasslands: A case study of the source region of the Yellow River, China[J]. Arabian Journal of Geosciences,10(1):1-14.

Xu M H, Liu M, Xue X, et al,2016b. Warming effects on plant biomass allocation and correlations with the soil environment in an alpine meadow, China[J]. Journal of Arid Land,8(5):773-786.

Xu M H, Peng F, You Q G, et al,2014a. Initialeffects of experimental warming on temperature, moisture, and vegetation characteristics in an alpine meadow on the Qinghai-Tibetan Plateau[J]. Polish Journal of Ecology,62(3):491-507.

Xu M H, Peng F, You Q G, et al,2015. Effects of warming and clipping on plant and soil properties of an alpine meadow in the Qinghai-Tibetan Plateau, China[J]. Journal of Arid Land,7(2): 189-204.

Xu W, Zhu M Y, Zhang Z H, et al,2018. Experimentally simulating warmer and wetter climate additively improves rangeland quality on the Tibetan Plateau[J]. Journal of Applied Ecology,55(3): 1486-1497.

Xu X, Zhao T, Lu C, et al,2014b. An important mechanism sustaining the atmospheric "water tower" over the Tibetan Plateau[J]. Atmos Chem Phys,14(20):11287-11295.

Xu Y M, Shen Y, Wu Z Y,2013. Spatial andtemporal variations of land surface temperature over the Tibetan Plateau based on harmonic analysis[J]. Mountain Research and Development,33(1): 85-94.

Xu Z X, Gong T L, Li J Y,2008. Decadal trend of climate in the Tibetan Plateau-regional temperature and precipitation[J]. Hydrological Processes,22(16):3056-3065.

Xue X, Xu M H, You Q G, et al,2014. Influence ofexperimental warming on heat and water fluxes of alpine meadows in the Qinghai-Tibet Plateau[J]. Arctic,Antarctic and Alpine Research,46(2): 441-458.

Xue X, You Q G, Peng F, et al,2017. Experimentalwarming aggravates degradation-induced topsoil drought in alpine meadows of the Qinghai-Tibetan Plateau[J]. Land Degradation and Development,28(8):2343-2353.

Yang K, Wu H, Qin J, et al,2014. Recent climate changes over the Tibetan Plateau and their impacts on energy and water cycle: A review[J]. Global and Planetary Change,112(1):79-91.

Yang M X, Nelson F E, Shiklomanov N I, et al,2010. Permafrost degradation and its environmental effects on the Tibetan Plateau: a review of recent research[J]. Earth Science Reviews,103(1):31-44.

Yang Y H, Fang J Y, Ji C J, et al,2009. Aboveand belowground biomass allocation in Tibetan grasslands[J]. Journal of Vegetation Science,20(1):177-184.

Yao T D, Guo X J, Thompson L G, et al,2006. δ18O record and temperature change over the past 100 years in ice cores on the Tibetan Plateau[J]. Science in China(Series D:Earth Sciences),49 (1):1-9.

Yao T D, Thompson L, Yang W, et al,2012. Different glacier status with atmospheric circulations in Tibetan Plateau and surroundings[J]. Nature Climate Change,2(9):663-667.

Yao T D,Xue Y K,Chen D L,et al,2019. Recentthird pole's rapid warming accompanies cryospheric melt and water cycle intensification and interactions between monsoon and environment:Multidisciplinary approach with observations,modeling,and analysis[J]. Bulletin of the American Meteorological Society,100(3):423-444.

Ye C C,Sun J,Liu M,et al,2020. Concurrent andlagged effects of extreme drought induce net reduction in vegetation carbon uptake on Tibetan Plateau[J]. Remote Sensing,12(15):2347.

Yin Y H,Wu S H,Zhao D S,et al,2013. Modeled effects of climate change on actual evapotranspiration in different eco-geographical regions in the Tibetan Plateau[J]. Journal of Geographical Sciences,23(2):195-207.

You Q L,Chen D L,Wu F Y,et al,2020a. Elevation dependent warming over the Tibetan Plateau: Patterns,mechanisms and perspectives[J]. Earth Science Reviews,210:103349.

You Q L,Fraedrich K,Ren G Y,2012. Inconsistencies of precipitation in the eastern and central Tibetan Plateau between surface adjusted data and reanalysis[J]. Theoretical and Applied Climatology,109(3):485-496.

You Q L,Kang S C,Fluegel W A,et al,2010a. From brightening to dimming in sunshine duration over the eastern and central Tibetan Plateau(1961—2005)[J]. Theoretical and Applied Climatology,101(3):445-457.

You Q L,Kang S C,Pepin N,et al,2010b. Climate warming and associated changes in atmospheric circulation in the eastern and central Tibetan Plateau from a homogenized dataset[J]. Global and Planetary Change,72(1):11-24.

You Q L,Kang S C,Pepin N,et al,2010c. Relationship between temperature trend magnitude,elevation and mean temperature in the Tibetan Plateau from homogenized surface stations and reanalysis data[J]. Global and Planetary Change,71(1):124-133.

You Q L,Min J Z,Kang S C,2015a. Rapid warming in the Tibetan Plateau from observations and CMIP5 models in recent decades[J]. International Journal of Climatology,36(6):2660-2670.

You Q L,Min J Z,Lin H B,et al,2015b. Observed climatology and trend in relative humidity in the central and eastern Tibetan Plateau[J]. Journal of Geophysical Research Atmospheres,120(9): 3610-3621.

You Q L,Sanchez L A,Wild M,et al,2013. Decadal variation of surface solar radiation in the Tibetan Plateau from observations,reanalysis and model simulations[J]. Climate Dynamics,40(7): 2073-2086.

You Q L,Wu T,Shen L C,et al,2020b. Review of snow cover variation over the Tibetan Plateau and its influence on the broad climate system[J]. Earth Science Reviews,201:103043.

Yu C Q,Zhang Y J,Claus H,et al,2012. Ecological andenvironmental issues faced by a developing Tibet[J]. Environmental Science and Technology,46(4):1979-1980.

Yu H Y,Luedeling E,Xu J C,2010. Winter and spring warming result in delayed spring phenology on the Tibetan Plateau [J]. Proceedings of the National Academy of Sciences, 107 (51): 22151-22156.

Zhai X H,Liang X L,Yan C Z,et al,2020. Vegetationdynamic changes and their response to ecological engineering in the Sanjiangyuan Region of China[J]. Remote Sensing,12(24):4035.

Zhang D L,Huang J P,Guan X D,et al,2013a. Long-term trends of precipitable water and precipitation over the Tibetan Plateau derived from satellite and surface measurements[J]. Journal of Quantitative Spectroscopy and Radiative Transfer,122:64-71.

Zhang G L,Zhang Y J,Dong J W,et al,2013b. Green-up dates in the Tibetan Plateau have continuously advanced from 1982 to 2011[J]. Proceedings of the National Academy of Sciences,110 (11):4309-4314.

Zhang L X,Fan J W,Zhou D C,et al,2017. Ecologicalprotection and restoration program reduced grazing pressure in the Three-River Headwaters Region,China[J]. Rangeland Ecology and Management,70(5):540-548.

Zhang L,Guo H D,Ji L,et al,2013c. Vegetation greenness trend(2000 to 2009) and the climate controls in the Qinghai-Tibetan Plateau[J]. Journal of Applied Remote Sensing,7(1):3572.

Zhang L,Guo H D,Wang C Z,et al,2014a. The long-term trends(1982—2006) in vegetation greenness of the alpine ecosystem in the Qinghai-Tibetan Plateau[J]. Environmental Earth Sciences,72 (6):1827-1841.

Zhang T J,2007. Perspectives onenvironmental study of response to climatic and land cover/land use change over the Qinghai-Tibetan Plateau: An introduction[J]. Arctic, Antarctic and Alpine Research,39(4):631-634.

Zhang T J,Baker T H W,Cheng G D,et al,2008. The Qinghai-Tibet Railroad: A milestone project and its environmental impact[J]. Cold Regions Science and Technology,53(3):229-240.

Zhang Y,Parazoo N,Williams A,et al,2020. Large and projected strengthening moisture limitation on end-of-season photosynthesis[J]. Proceedings of the National Academy of Sciences,117(17): 9216-9222.

Zhang Y L,Qi W,Zhou C P,et al,2014b. Spatial and temporal variability in the net primary production of alpine grassland on the Tibetan Plateau since 1982[J]. Journal of Geographical Sciences,24 (2):269-287.

Zhang Y,Zhang C B,Wang Z Q,et al,2016. Vegetation dynamics and its driving forces from climate change and human activities in the Three-River Source Region,China from 1982 to 2012[J]. Science of the Total Environment,563:210-220.

Zhao J X,Luo T X,Wei H X,et al,2019. Increased precipitation offsets the negative effect of warming on plant biomass and ecosystem respiration in a Tibetan alpine steppe[J]. Agricultural and Forest Meteorology,279:107761.

Zhao M S,Running S W,2010. Drought-induced reduction in global terrestrial net primary production from 2000 through 2009[J]. Science,329(5994):940-943.

Zhao W,Yu X B,Jiao C C,et al,2021. Increased association between climate change and vegetation index variation promotes the coupling of dominant factors and vegetation growth[J]. Science of the Total Environment,767:144669.

Zheng Z T,Zhu W Q,Zhang Y J,2020. Seasonally and spatially varied controls of climate elements on net primary productivity in alpine grasslands on the Tibetan Plateau[J]. Global Ecology and

Conservation,21:e00814.

Zhong L,Ma Y M,Xue Y K,et al,2019. Climatechange trends and impacts on vegetation greening over the Tibetan Plateau[J]. Journal of Geophysical Research Atmospheres,124(14):7540-7552.

Zhou D G,Huang R H,2012. Response of water budget to recent climatic changes in the source region of the Yellow River[J]. Chinese Science Bulletin,57(17):2155-2162.

Zhou H K,Yao B Q,Xu W X,et al,2014. Field evidence for earlier leaf-out dates in alpine grassland on the eastern Tibetan Plateau from 1990 to 2006[J]. Biology Letters,10(8):20140291.

Zhu J T,Zhang Y J,Wang W F,2016. Interactions between warming and soil moisture increase overlap in reproductive phenology among species in an alpine meadow[J]. Biology Letters,12(7):20150749.

Zhu Z C,Bi J,Pan Y Z,et al,2013. Globaldata sets of vegetation Leaf Area Index(LAI)3g and Fraction of Photosynthetically Active Radiation(FPAR)3g derived from Global Inventory Modeling and Mapping Studies(GIMMS) Normalized Difference Vegetation Index(NDVI3g) for the period 1981 to 2011[J]. Remote Sensing,5(2):927-948.

Zou F l,Li H D,Hu Q W,2020. Responses of vegetation greening and land surface temperature variations to global warming on the Qinghai-Tibetan Plateau,2001—2016[J]. Ecological Indicators,119:106867.

青藏高原高寒草地野外调查植物物种名目

附表　青藏高原高寒草地野外调查植物物种名目

科		种	
中文名	拉丁名	中文名	拉丁名
豆科	Leguminosae	冰川棘豆	*Oxytropis glacialis*
		甘肃棘豆	*Oxytropis kansuensis*
		急弯棘豆	*Oxytropis deflexa*
		短梗棘豆	*Oxytropis brevipedunculata*
		黄花棘豆	*Oxytropis ochrocephala*
		高山豆	*Tibetia himalaica*
		多枝黄耆	*Astragalus polycladus*
		假黄耆	*Astragalus mendax*
		苦豆子	*Sophora alopecuroides*
		肾形子黄芪	*Astragalus skythropos*
		松潘黄芪	*Astragalus sungpanensis*
		天蓝苜蓿	*Medicago lupulina*
禾本科	Gramineae	高山羊茅	*Festuca arioides*
		紫花针茅	*Stipa purpurea*
		藏落芒草	*Oryzopsis tibetica*
		异针茅	*Stipa aliena*
		梭罗草	*Roegneria thoroldiana*
		冰草	*Agropyron cristatum*
		针茅	*Stipa capillata*
		冷地早熟禾	*Poa crymophila*
		早熟禾	*Poa annua*

续表

科		种	
中文名	拉丁名	中文名	拉丁名
禾本科	Gramineae	赖草	*Leymus secalinus*
		垂穗披碱草	*Elymus nutans*
		高原早熟禾	*Poa alpigena*
		菭草	*Koeleria macrantha*
		草地早熟禾	*Poa pratensis*
		拂子茅	*Calamagrostis epigeios*
虎耳草科	Saxifragaceae	唐古特虎耳草	*Saxifraga tangutica*
堇菜科	Violaceae	西藏堇菜	*Viola kunawarensis*
		西藏附地菜	*Trigonotis tibetica*
景天科	Crassulaceae	隐匿景天	*Sedum celatum*
		西藏红景天	*Rhodiola tibetica*
菊科	Compositae	星舌紫菀	*Aster asteroides*
		臭蒿	*Artemisia hedinii*
		尖苞风毛菊	*Saussurea subulisquama*
		黄帚橐吾	*Ligularia virgaurea*
		星舌紫菀	*Aster asteroides*
		细叶亚菊	*Ajania tenuifolia*
		箭叶橐吾	*Ligularia sagitta*
		牛尾蒿	*Artemisia dubia*
		冷蒿	*Artemisia frigida*
		车前状垂头菊	*Cremanthodium ellisii*
		萎软紫菀	*Aster flaccidus*
		紫菀	*Aster tataricus*
		铺散亚菊	*Ajania khartensis*
		蒲公英	*Taraxacum mongolicum*
		矮火绒草	*Leontopodium nanum*
		弱小火绒草	*Leontopodium pusillum*
		矮丛风毛菊	*Saussurea eopygmaea*
		阿拉善马先蒿	*Pedicularis alaschanica*
玄参科	Scrophulariaceae	肉果草	*Lancea tibetica*
		小米草	*Euphrasia pectinata*
		野苏子	*Pedicularis grandiflora*
		碎米蕨叶马先蒿	*Pedicularis cheilanthifolia*
		短穗兔耳草	*Lagotis brachystachya*

续表

科		种	
中文名	拉丁名	中文名	拉丁名
龙胆科	Gentianaceae	湿生扁蕾	*Gentianopsis paludosa*
		黑边假龙胆	*Gentianella azurea*
		偏翅龙胆	*Gentiana pudica*
		开张龙胆	*Gentiana aperta*
		麻花艽	*Gentiana straminea*
		刺芒龙胆	*Gentiana aristata*
		假水生龙胆	*Gentiana pseudoaquatica*
毛茛科	Ranunculaceae	唐古拉翠雀花	*Delphinium tangkulaense*
		丝裂碱毛茛	*Halerpestes filisecta*
		露蕊乌头	*Aconitum gymnandrum*
		小金莲花	*Trollius pumilus*
		伏毛铁棒锤	*Aconitum flavum*
		芸香叶唐松草	*Thalictrum rutifolium*
		高原毛茛	*Ranunculus tanguticus*
		高山唐松草	*Thalictrum alpinum*
		耧斗菜	*Aquilegia viridiflora*
		川甘翠雀花	*Delphinium souliei*
蔷薇科	Rosaceae	星毛委陵菜	*Potentilla acaulis*
		丛生钉柱委陵菜	*Potentilla saundersiana* var. *eaespitosa*
		伏毛山莓草	*Sibbaldia adpressa*
		鹅绒委陵菜	*Potentilla anserina*
		二裂委陵菜	*Potentilla bifurca*
		东方草莓	*Fragaria orientalis*
		金露梅	*Potentilla fruticosa*
		多头委陵菜	*Potentilla multiceps*
		朝天委陵菜	*Potentilla supina*
忍冬科	Caprifoliaceae	矮生忍冬	*Lonicera minuta*
瑞香科	Thymelaeaceae	狼毒	*Stellera chamaejasme*
莎草科	Cyperaceae	黑褐苔草	*Carex atrofusca*
		干生苔草	*Carex aridula*
		青藏苔草	*Carex moorcroftii*
		华扁穗草	*Blysmus sinocompressus*

续表

科		种	
中文名	拉丁名	中文名	拉丁名
莎草科	Cyperaceae	矮生嵩草	*Kobresia humilis*
		高山嵩草	*Kobresia pygmaea*
		线叶嵩草	*Kobresia capillifolia*
		西藏嵩草	*Kobresia tibetica*
		阿齐苔草	*Carex argyi*
紫草科	Boraginaceae	西藏微孔草	*Microula tibetica*
		糙草	*Asperugo procumbens*
报春花科	Primulaceae	垫状点地梅	*Androsace tapete*
		西藏报春	*Primula tibetica*
柽柳科	Tamaricaceae	匍匐水柏枝	*Myricaria prostrata*
蓼科	Polygonaceae	珠芽蓼	*Polygonum viviparum*
		西伯利亚蓼	*Polygonum sibiricum*
		歧穗大黄	*Rheum przewalskyi*
		圆穗蓼	*Polygonum macrophyllum*
罂粟科	Papaveraceae	迭裂黄堇	*Corydalis dasyptera*
藜科	Chenopodiaceae	角果碱蓬	*Suaeda corniculata*
唇形科	Labiatae	白花枝子花	*Dracocephalum heterophyllum*
		香青兰	*Dracocephalum moldavica*
伞形科	Umbelliferae	长茎藁本	*Ligusticum thomsonii*
		黑柴胡	*Bupleurum smithii*
		垫状棱子芹	*Pleurospermum hedinii*
麻黄科	Ephedraceae	单子麻黄	*Ephedra monosperma*
木贼科	Equisetaceae	节节草	*Equisetum ramosissimum*
十字花科	Cruciferae	荠菜	*Capsella bursa-pastoris*
石竹科	Caryophyllaceae	雪灵芝	*Arenaria brevipetala*
		卷耳	*Cerastium arvense*
小檗科	Berberidaceae	鲜黄小檗	*Berberis diaphana*
百合科	Liliaceae	镰叶韭	*Allium carolinianum*
鸢尾科	Iridaceae	野鸢尾	*Iris dichotoma*